Die Kalibergwerke

im Oberelsaß.

Auszug

aus dem Jahresbericht der Industriellen Gesellschaft
von Mülhausen i. E.

———◦———

Springer-Verlag Berlin Heidelberg GmbH
1913.

Additional material to this book can be downloaded from http://extras.springer.com.

ISBN 978-3-662-33673-1   ISBN 978-3-662-34071-4 (eBook)
DOI 10.1007/978-3-662-34071-4

Additional material from *Die Kalibergwerke im Oberelsaß,*
ISBN 978-3-662-33673-1 (978-3-662-33673-1_OSFO1),
is available at http://extras.springer.com

Die Kalibergwerke

im Oberelsaß.

Einleitung.

Die in jüngster Zeit erfolgte Entdeckung der reichhaltigen Kalilager im Oberelsaß, mit deren Abbau seit ungefähr 2 Jahren begonnen werden konnte, hat in unserem Lande eine ganz neue Industrie ins Leben gerufen. Rasch nahm sie einen ganz ungeahnten Aufschwung, so daß sie von größter Verheißung und Bedeutung für die Zukunft ist.

Im Schoße unserer Gesellschaft wurde im Laufe des verflossenen Jahres der Wunsch laut, den Ursprung dieser unterirdischen Schätze und die Natur der neugeschaffenen Industrie näher kennen zu lernen.

Zu diesem Zwecke wurde eine Kommission gebildet, deren Mitglieder den Ausschüssen für Mechanik und Chemie unserer Gesellschaft angehören. Diese haben bereitwilligst ihre gütige Mitwirkung dem Gelingen des Werkes zugesichert.

Diese Kommission tagte unter dem Vorsitze des Generalsekretärs Herrn Alph. Wehrlin und arbeitete folgende Abhandlungen aus:

I. Entstehungsgeschichte . . . . Fel. Binder.

II., III. Geologie und Mineralogie . . . . { F. Binder und Edm. Bourcart.

IV. Bohrungen . . . . E. Remy.

V. Schachtabteufen . . . . Guy de Place.

VI. Ausbeutung . . . . Guy de Place.

VII. Mechanische und elektrische Einrichtungen .... { Aug. Burgert, Venables und Emil Schlumberger.

VIII. Mechanische und chemische Verarbeitung der Kalisalze ..... { Eug. Wild und G. Wyss.

IX. Chemische Verwendung der Kalisalze .... Emilio Noelting.

X. Landwirtschaftliche Verwendung . G. Wyss.

XI. Volkswirtschaftl. Bedeutung, Verwaltung, Verfrachtung, Absatz Ch. Meunier-Dollfus.

Die Verfasser dieser Abhandlungen erheben nicht den Anspruch, den Lesern damit umfassende Originalarbeiten vorzulegen. Vielmehr waren sie bloß bestrebt, die ihnen von sachkundigster Seite gewordenen Informationen und Auskünfte übersichtlich zusammenzustellen, damit dem vielversprechenden neuen Industriezweig die Beachtung geschenkt werde, die ihm gebührt.

Vor allem sei den Personen der verbindlichste Dank unserer Gesellschaft ausgedrückt, die in löblichster Weise ihre Sach- und Fachkenntnis unserem Werke zur Verfügung stellten und uns alle gewünschten Auskünfte bereitwilligst erteilten.

In allererster Linie erwähnen wir Herrn Jos. Vogt, den Entdecker der Kalilager, sowie dessen Sohn, Herrn Fern. Vogt, dann Herrn Prof. Förster, der es gestattete, aus seinem hervorragenden Werke die geologischen und mineralogischen Angaben zu schöpfen, alsdann die Elsaß-Lothringische Geologische Landesanstalt, die bereitwilligst die Wiedergabe der Förster'schen Karte und Tabellen genehmigte.

Der Kommission wurde unter Führung des Direktors Herrn Westermann und seiner Mitarbeiter, Herren Ingenieur Biewendt und Chemiker Wagner, die Besichtigung der Grube „Amelie" in freundlichster Weise ermöglicht, wofür hier verbindlichster Dank ausgesprochen sei.

Herr Prof. K. Schmidt aus Basel hat uns ebenfalls schätzenswerte Beiträge geliefert. Zur Vervollständigung des gesammelten Materials sind verschiedene Quellen herbeigezogen worden, deren Herkunft in bibliographischen Notizen dem vorliegenden Texte beigefügt worden sind.

I.

Entstehungsgeschichte.

Das Vorkommen von Steinsalz in den Bodenablagerungen unseres Landes ist im Jahre 1869 bei Ausführung einer Bohrung in dem Anwesen des Herrn Gustav Dollfus in Dornach bei Mülhausen festgestellt worden.

Eine Beschreibung dieser Bohrung ist im Bulletin der Gesellschaft im Jahre 1877[1] von Ch. Zundel und Mathieu Mieg erschienen. Diese Notiz ist von Mathieu Mieg durch eine Abhandlung im Bulletin de la Société géologique de France 1888[2] vervollständigt worden.

Die Bohrung des Herrn Gust. Dollfus erreichte eine Tiefe von 240 Meter. Das Steinsalz wurde in schwachen Schichten im salzhaltigen Gipsmergel bei 91,55 und 115 Meter angetroffen. Das Vorkommen von Kalisalzen wurde nicht festgestellt.

Im Jahre 1904 bildete sich unter der Initiative des Herrn Joseph Vogt ein Bohrsyndikat unter Mitwirkung der Herren Alfred Zürcher und J. B. Grisez, welches den Zweck verfolgte, das Vorkommen von Steinkohle oder Erdöl im Untergrund des Wittelsheimer Waldes zu erforschen.

Es seien hier die Angaben erwähnt, die von Mathieu Mieg und Jos. Vogt veröffentlicht worden sind[3].

Die Lage dieser ersten Bohrung befindet sich ungefähr 3500 Meter in südlicher Richtung vom Kirchturm Wittelsheim, links von der Bahnlinie Sennheim—Lutterbach, 265 Meter über Meereshöhe. Diese Bohrung wurde am 11. Juni 1904 begonnen und erreichte am 1. November desselben Jahres eine Tiefe von 1119 Meter.

---

1. Ch. Zundel et Mathieu Mieg. — Notice sur quelques sondages aux environs de Mulhouse et en Alsace. Bull. Soc. Ind. de Mulh. XLVII, 1877, p. 631.

2. Math, Mieg. — Note sur un sondage exécuté à Dornach (près Mulhouse) en 1869. Bull. Soc. Géol. France. XVI. 1888, p. 256.

3. Jos. Vogt et. Math. Mieg. — Note sur la découverte de sels de potasse en Haute-Alsace. Bull. Soc. Ind. Mulhouse, Sept.—oct. 1908.

Das Steinsalz wurde in einer Tiefe von 358 Meter angetroffen, dann wurde eine Kalisalzablagerung bei 627 Meter und eine zweite bei 649 Meter angebohrt[1]. Ein Vorkommen von Steinkohle oder Erdöl wurde aber nicht konstatiert.

Die drei obengenannten Prospektoren erkannten sehr bald die Bedeutung ihrer Entdeckung. Ermuntert durch diesen ersten Erfolg fühlten sie bald die Notwendigkeit, die begonnenen Aufschlußarbeiten auf eine breitere Basis zu stellen. Leider hatten die bei einheimischen Finanzleuten unternommenen Schritte zur Gewinnung von Kapitalien behufs Fortsetzung und Erweiterung der Bohrversuche nicht den gewünschten Erfolg und so mußte sich das Syndikat an auswärtige Banken wenden, um die unentbehrliche pekuniäre Unterstützung zur Weiterführung der Arbeiten zu erhalten.

Mit deren Hilfe wurde am 13. Juni 1906 die Gewerkschaft Amelie gegründet. Diese Gewerkschaft führte 120 verschiedene Bohrungen aus, deren Tiefen zwischen 250 und 1000 Meter schwankten. Sie befanden sich in einem weiten Umkreis, der einerseits von den Vorhügeln der Vogesen bis zum Rhein-Rhone-Kanal sich erstreckt, andererseits von den Dörfern Heimsbrunn bei Mülhausen und Ostheim bei Colmar begrenzt wird.

Die durch diese Bohrungen festgestellten Kaliablagerungen umfassen eine Oberfläche von rund 200 Quadratkilometer und sind durch die Ortschaften Mülhausen, Reiningen, Sennheim, Sulz, Rädersheim, Regisheim und Sausheim abgegrenzt. Ihre hervorragende Gleichmäßigkeit und ihr hoher Gehalt an reinem Kali erheben sie an die erste Stelle der bis jetzt bekannten Kalilager. Durch die noch in Ausführung befindlichen Bohrungen wird zweifellos deren gesamte Ausdehnung festgestellt werden.

Im Jahre 1908 begann die Gewerkschaft Amelie mit der Herstellung des ersten Schachtes: die Arbeiten gingen rasch vor sich und schon im Monat Februar des Jahres 1910 konnte der Abbau der Kalisalzlager beginnen. In diesem Schachte sind ebenso wie in den vorangegangenen Bohrungen zwei abbaufähige Schichten bei 627 und 649 Meter Tiefe aufgeschlossen worden.

---

1. Gewerkschaft Amelie. — Bericht des Jahres 1909.

Nachdem die Gewerkschaft die Förderung aufgenommen hatte, konnte sie ihre Produkte gemäß einer provisorischen Vereinbarung mit dem deutschen Kalisyndikat auf den Markt bringen. Die Gewerkschaft Amelie wurde am 14. Oktober 1910 definitiv in das Syndikat aufgenommen und ihr eine Beteiligungsquote von 14,66 Tausendstel zuerkannt[1].

---

1. Diese Quote ist seit kurzem auf 14,74 $^0/_{00}$ erhöht worden, wodurch die Gewerkschaft Amelie den dritten Rang im Syndikat einnimmt.

II.

Geologischer und mineralogischer Überblick über Salzablagerungen im allgemeinen.

Es ist vielleicht nicht überflüssig, über die Salzablagerungen einige allgemeine Bemerkungen zu geben, welche zum Verständnis der vorliegenden Arbeit beitragen werden.

Steinsalzablagerungen.

Es bestehen wenige Bodenablagerungen, in deren geologischen Zonen das Vorkommen von Salz oder Salzquellen fehlt.

Das Quartär enthält Salzschichten im Löß in Patagonien, an den Abhängen der Cordilleren in Peru; in Chile haben die Salpeterschichten eine Mächtigkeit von mehreren Metern. Die Ablagerungen von Petit-Anse in Louisiana und diejenigen der Karabugas-Bucht im Kaspischen Meer sind von neuzeitlicher Bildung.

Im Tertiär findet sich das Steinsalz in den folgenden verschiedenen Stufen:

Im Pliocän bei Livorno in Calabrien,

Im Miocän bei Pechelbronn im Elsaß (neben dem Erdöl), bei Wieliczka in Galizien usw.

Die Steinsalz- und Kaliablagerungen von Wittelsheim gehören dem Oligocän an.

Im Eocän findet sich Salz in Katalonien, in Klein-Asien und in Armenien.

Außer in dem elsässischen Gebiet fanden sich Kalisalzblöcke von gewissem Umfang (Sylvin, Kainit, Karnalit) in den Tertiärlagerungen von Kalusz und Stebnik im östlichen Galizien[1].

---

1. Tschermak's mineralogische und petrographische Mitteilungen, herausgegeben von P. Becke, 29. Band (Neue Folge) 1910, Alf. Hölder, Wien, I. R. Goergey: Minerale tertiärer Kalisalzlagerstätten, Seite 517—519.

In den Kreide- und Juraformationen finden sich umfangreiche Ablagerungen in Peru und in Argentinien, sowie zahlreiche Salzquellen in Deutschland, bei Essen, Bielefeld und Osnabrück.

In der Trias ist der Keuper salzführend bei Vic, Dieuze Varangéville, der Muschelkalk in Baden, Württemberg und der Nordschweiz. Ebenso enthält Steinsalz die Trias in England (Lancashire, Cheshire, Worcestershire).

Die an Kaliablagerungen reichen Gegenden Nord-Deutschlands zwischen der Elbe und der Weser, im Harz, bei Staßfurt gehören dem Zechstein (Dyas) an, also einer viel älteren geologischen Formation als derjenigen von Wittelsheim.

Im russischen roten Sandstein erscheint Salz bei Orenburg.

Die kristallinischen Gesteine der archäischen Periode enthalten Salzquellen im Porphyr von Münster am Stein und Kreuznach. Salzquellen sind auch vorhanden im Syenit und im Glimmerschiefer Neu-Granadas.

Art, Beschaffenheit und Benennung der Salze.

Die in den Ablagerungen meistens vorkommenden Salze sind folgende :

Steinsalz	Na Cl
Sylvin	K Cl
Carnallit	Mg Cl². K Cl. 6 H² O
Anhydrit	Ca SO⁴
Gips	Ca SO⁴ 2 H² O
Kieserit	Mg SO⁴ H² O
Kainit	Mg SO⁴ 2 Ca SO⁴ K³ SO⁴ 2 H² O

Sylvinit. Mischung von Steinsalz (Na Cl) und Sylvin (K Cl).

Die technische Benennung von „Hartsalz" findet Anwendung bei Mischung von Steinsalz (Na Cl), von Kieserit (Mg SO⁴ H² O) und Sylvin (K Cl) oder bei Mischungen von Steinsalz, Sylvin und Anhydrit (Ca SO⁴). Diese letztere Mischung von Hartsalz ist in den Ablagerungen von Wittelsheim vertreten.

Es sei nebenbei bemerkt, daß durch die Verbindung von wechselseitigen Reaktionen der Salze unter sich seltene kristallisierte Typen hervorgegangen sind, welche Bor, Brom, Aluminium, Eisen usw. enthalten.

Ursprung der Salzablagerungen.

Die auf der Erdoberfläche vielfach vorkommenden Salzablagerungen enthalten nur selten Kali in bedeutender Quantität. Die Kaliablagerungen dagegen enthalten im Gegenteil immer in sehr großer Menge Steinsalz.

Die Salzablagerungen verdanken ihre Entstehung der progressiven Einengung des Meerwassers, die durch die Verdunstung hervorgerufen wird. Bei diesem Vorgang muß aber die Verdunstung so schnell vor sich gehen, daß der Wasserverlust größer ist als die neue Zufuhr. Es muß also ein inneres Meer, ein Salzsee oder ein Meerbusen vorhanden sein, die von der Hochsee durch einen zunehmenden Damm abgetrennt werden.

Dies ist zur Zeit der Fall bei dem Meerbusen von Karabugas, welcher ein natürliches Verdunstungsbecken bildet, das sich auf der asiatischen Seite an das Kaspische Meer anschließt. Dieser Meerbusen hat eine Oberfläche von 16 000 Quadratkilometer, ist mit dem Meere mittelst eines Kanals von 200 bis 800 Meter Breite und 5 Kilometer Länge verbunden, der beim Eingang bloß ein Meter tief ist. Der Kanal trennt also zwei Landzungen, die einen wirklichen Damm bilden. Der vom Kaspischen Meer kommende Strom bewegt sich in dieser Meerenge mit einer mittleren Geschwindigkeit von 5 bis 6 Kilometer pro Stunde und dringt in den Meerbusen von Karabugas, dessen mittlere Tiefe bloß 4 bis 12 Meter beträgt, wodurch die Bildung eines unteren Gegenstroms verhindert wird. Es ist also ein Verdunstungsbecken, besonders während des Sommers, von großer Bedeutung und Ausdehnung entstanden, in welchem sich das Wasser des Kaspischen Meeres konzentriert. Man hat ausgerechnet, daß jährlich 340 000 Tonnen Salz in diesen Behälter geschwemmt werden, in welchem alle Organismen, Tiere wie Pflanzen, aussterben.

Das Werk von A. de Lapparent[1], dem diese Ausführungen entnommen sind, spricht sich folgendermaßen aus:

---

1. Traité de géologie, 4. Aufl., Seite 335 und 336.

„In der Umgebung von Karabugas, im Umkreis der Halb-
insel Mangichlak, kann man in einer Reihe von Lagunen alle
Grade von Salzkonzentrationen beobachten. Einer dieser Lagunen
wird von Zeit zu Zeit das Meerwasser noch zugeführt und
trotzdem ist die Salzablagerung an den Ufern nur unbedeutend.
Eine andere aber birgt in ihrem Grunde eine dichte Schicht von
rosafarbigen Kristallen; andere endlich sind schon ausgetrocknet
und die Salzablagerungen sind schon teilweise mit Sand über-
schüttet."

Der Meerbusen von Karabugas bietet ein modernes Beispiel
der Vorgänge, die in einem sehr vorgerückten Zeitalter auf unserm
Planeten stattgefunden haben. Dasselbe Prinzip wird bei der
industriellen Ausbeutung der Seesalzteiche angewendet.

Wie haben sich aber die verschiedenen Lagerungen von Steinsalz und Kali gebildet?

Hier haben wir es mit der fraktionierten Kristallisation zu tun.
Nach den Forschungen von Ochsenius folgt die Bildung der Ablagerungen dem Gesetze der Auflösbarkeit (Solubilität)[1]. Beim
Einengungsprozeß des Meerwassers lagern sich zunächst die
weniger löslichen Salze ab: das Calciumcarbonat, Magnesium-
carbonat, Kalziumsulfathydrat und Anhydrit. Über dieser Schicht
kristallisiert sich das Steinsalz (Na Cl) als wesentlichster Bestand-
teil des Meerwassers. Diese Naturerscheinung bedingt eine pro-
gressive Anhäufung der löslichen Elemente in der Mutterlauge.
Sobald diese Konzentration die Grenze der Löslichkeit erreicht hat,
kristallisieren in der oberen Region die Kali- und Magnesiumsalze.

Es muß jedoch in diesem idealen Schema mit der Naturlaune
gerechnet werden. Bei Betrachtung der Profile ersieht man
daß der Prozeß Fluctuationen und Unterbrechungen von verschiedener Dauer unterworfen war, in deren Laufe sich durch
Anschwemmungen Lehmschichten gebildet haben, deren Senkung
harte, schieferartige Lagerungen hervorgerufen hat. Solche
Lagerungen trennen oft die Salzschichten und schützten so die
unteren Lager gegen die Wiederauflösung. Die Wittelsheimer
Grube bietet in dieser Hinsicht auffallende Beispiele dieser
Vorgänge.

---

1. Dr. Albert Stange, Illustr. Jahrbuch der Wissenschaft und Technik im
deutschen Kalisalzbergbau, 1910, Seite 33.

Die Temperatur-Schwankungen haben sicher in der Bildung der Salzablagerungen eine große Rolle gespielt. Aus den Forschungen von van t'Hoff geht hervor, daß die Kaliablagerungen bei einer sehr hohen Temperatur ihren Ursprung genommen haben und zwar bei 40 Grad C. Precht nimmt sogar an, daß in gewissen Gegenden von Neu-Staßfurt 70 bis 80 Grad C. dazu erforderlich gewesen sind. Die Regionen der Kalilager Norddeutschlands und des Ober-Elsasses müssen also während dieser Perioden ein wirklich saharisches Klima gehabt haben[1].

Wenn man des weiteren die große Verschiedenheit des Salzgehaltes der Hochsee und der inneren Salzseen in Betracht zieht, so erscheint die verschiedene Zusammensetzung ihrer Ablagerungen als eine ganz natürliche Tatsache.

---

1. Rinne, Die geologischen Verhältnisse der deutschen Kalisalzlagerstätten. Hannover, 1906.

III.

Geologische und mineralogische Beschaffenheit
des oberelsässischen Salzbeckens.

Nachdem hier einige allgemeine Gesichtspunkte über die Salzablagerungen erörtert worden sind, gehen wir zur Untersuchung
des Wittelsheimer Beckens über, um mit den darin enthaltenen
mineralischen Schätzen bekannt zu werden.

Herr Professor Dr. B. Foerster hat sich während mehreren
Jahren dem Studium dieser Ablagerungen gewidmet, indem er
den Ergebnissen der Untersuchung von Bohrproben aus den seit
1904 im Gange befindlichen, zur Aufsuchung von Steinsalz und
Kalisalzen ausgeführten Tiefbohrungen im Tertiär des Ober-
elsasses eine hervorragende, gewissenhafte und umfangreiche Arbeit
widmete, die in den Mitteilungen der Geologischen Landesanstalt
von Elsaß-Lothringen erschienen ist[1].

Es sei uns gestattet, an dieser Stelle dem gelehrten Verfasser
und der Geologischen Landesanstalt verbindlichsten Dank aus-
zusprechen für die Bereitwilligkeit, mit welcher sie uns die in
diesem Werke aufgezeichneten Ergebnisse zur Verfügung stellten,
die wir vorliegender Notiz zu Grunde legen. Wir haben dieser
Abhandlung 4 Tafeln mit Profilen entnommen, auf die wir hier
aufmerksam machen (Tafel II, III, IV, V). Die Foerstersche Karte
ist mit Genehmigung des Verfassers hier wiedergegeben (Tafel I).
Auf besonderen Wunsch verschiedener Interessenten sind die
Grenzen der verschiedenen Gewerkschaften, sowie auch die ausgebeuteten Schächte darin aufgezeichnet worden.

Bildung der Ablagerungen.

Durch Vergleichung der bis zum heutigen Tage gesammelten
geologischen Forschungen kann die Bildung unserer Salzablagerung
folgendermaßen erklärt werden :

Das Becken liegt in einer Depression, welche im Süden durch
den Jura und den Schwarzwald, im Westen durch die Vogesen

---

1. 1911, Band VII, Heft 4.

abgegrenzt ist, mit zwei Dämmen, von denen der eine in der Gegend
des Sundgaues, der andere im Norden des Rheintales gelegen war.
Der Boden dieses Beckens bedeckte sich nach und nach mit Süß-
wasserablagerungen des Eocäns. Eine Depression zwischen den
Vogesen und der Hardt, in der Gegend von Pfalzburg, lieferte einer
Rinne des oligocänen Meeres, welches damals Belgien und einen
Teil Frankreichs überdeckte, den Durchgang. Unser Tal, welches
mit dem Meere durch einen verhältnismäßig schmalen Kanal von
geringer Tiefe in Verbindung stand, der stellenweise eingedämmt
war, bildete infolgedessen ein Meersalzverdunstungsbecken. Der
Vorgang dieses Naturereignisses hatte mit demjenigen des Meer-
busens von Karabugas[1] große Ähnlichkeit.

Es scheint, daß die Kristallisation der Salzbänke in verschiedenen Zwischenräumen durch Veränderung des Boden-Niveaus
unterbrochen worden ist, wodurch eine abwechselnde Süßwasser-
und Salzsee-Lagunen-Periode entstanden ist und die erwähnten
charakteristischen Ablagerungen zur Folge hatte, die durch die
Bohrungen ermittelt worden sind.

Alsdann erfolgte eine neue Einsenkung, welche einen bedeutenden Meerwasser-Zudrang nach sich zog, deren Salzablagerungen
durch die Temperatur eines tropischen Klimas befördert wurden.
Während dieser Periode wurden die löslichsten früheren Ablagerungen durch die Salzwasser-Speisung aufgelöst. Dieser Einsenkung folgte eine langsame Hebung, wodurch ein großer
Teil des Ober-Elsasses, welcher die Kaliablagerungen enthielt,
von der Hochsee durch einen Damm, der wahrscheinlich im
Norden von Meienheim verlief, abgeschlossen wurde. Alsdann
konnte die Kristallisation der leicht löslichen Salze mit Hilfe der
Ausdünstung vor sich gehen.

Einige Andeutungen lassen sogar darauf schließen, daß
die Ausdünstung bis zur völligen Trockenlegung des Beckens sich
fortsetzte.

Nach einer gewissen Zeit bildete sich wieder eine neue Verbindung mit der Hochsee und die löslichsten Salze wurden teilweise wieder aufgelöst. Es bildete sich alsdann eine Mischung
von Meersalz (Na Cl) und Sylvin (K Cl), deren Vereinigung das
Sylvinit bildete, welches in einer bedeutenden Mächtigkeit ab-

---

1. Siehe Anm. Seite 11 und 12.

gelagert ist. Über dieser Salzbank lagerte sich eine Schlammschicht, welche die unteren Partien gegen eine neue Auflösung schützte. Dies wäre die Bildung des unteren Kalilagers, des mächtigsten von beiden, die durch die Bohrungen erschlossen worden sind.

Dieselben Naturereignisse haben sich aller Wahrscheinlichkeit nach zum zweiten Male ereignet, und zwar in einer verhältnismäßig kurzen Zeit, denn es bildete sich eine zweite Kaliablagerung, die von der unteren nur durch einen Zwischenraum von durchschnittlich 19,50 Meter getrennt ist. Während dieses zweiten Stadiums ist die Salzbildung und ihre gegenseitige Reaktion in ähnlicher Weise vor sich gegangen, wie bei der vorhergegangenen Periode.

Endlich bildete sich eine mächtige Steinsalzablagerung, die nach und nach mit unlöslichen Anschwemmungen bedeckt wurde bis zur Einsenkung des Rheintales, welches den Zugang zur Nord-See eröffnete. Von diesem Zeitpunkte an hörte die Kristallisation auf, aber die mächtig herbeiströmenden Wassermengen brachten Sand- und Lehmablagerungen, die bis zum Schlusse des ältern Tertiärs ihren Fortgang nahmen. Schließlich bildete sich das Diluvium, wodurch das Rheintal durch die Sand- und Geröllablagerungen in eine Ebene verwandelt wurde.

Die Tafel II gibt eine schematische Übersicht der durch die Bohrungen aufgeschlossenen Schichten. Es finden sich darin die Ablagerungen, ihre Mächtigkeit, die geologischen Perioden, die Folge der Senkungen und die Meer- und Inlandsee-Verhältnisse verzeichnet.

Übersicht über die Salzablagerungen des Ober-Elsasses.

Die Untersuchung der zahlreichen Resultate der durch Herrn Jos. Vogt ausgeführten Bohrungen wird uns über die Tiefe, die Mächtigkeit und die Ausdehnung der Salzablagerungen Aufschluß geben. Wir können ebenfalls daraus Schlußfolgerungen über den Wert der Produkte ziehen, die aus den im Bau sich befindlichen Gruben gewonnen werden.

Man darf sich aber nicht vorstellen, daß die Ablagerungen, von denen die Rede ist, in ihrer Ausdehnung eine absolute horizontale Masse bilden. Die Bohrungen erreichten in ziemlich verschiedenen

Tiefen die Salzschichten, wie es aus den der Foersterschen Arbeit beigefügten Tafeln zu ersehen ist.

Die mittlere Mächtigkeit der Steinsalzschicht beträgt 241 Meter, diejenige des oberen Kalilagers 1,164 Meter und diejenige der unteren Kalischicht 4,147 Meter.

Die Neigung der Lager zeigt bei den verschiedenen Bohrlöchern eine wesentliche Abweichung.

Die Sohlen des Untergrundes sind sehr uneben. Sie enthalten eine Reihe von Hebungen, Senkungen und Abgleitungen, welche Jos. Vogt und Math. Mieg auf der ihrer Arbeit beigefügten Karte schon erwähnt hatten[1].

Aus den bis zum heutigen Tage ausgeführten Bohrungen geht hervor, daß die untere Sylvinitschicht (voller, roter Strich der Foersterschen Karte) [Tafel I] in ihrer ganzen Ausdehnung die obere Schicht deckt (punktierte rote Linie). Die Ablagerung hat die Gestalt einer Elipse mit einer Protuberanz gegen Norden, deren äußerster Teil sich zwischen Meienheim und Oberenzen befindet. Betrachtet man die Lager in ihrer peripherischen Grenze, so kann man feststellen, daß sie sich verdünnen und wie die Ränder einer Linse sich verlieren.

Schließlich sei noch erwähnt, daß die geothermischen Tiefenstufen in den verschiedenen Ablagerungen großen Veränderungen unterworfen sind. So beträgt die Zunahme der Temperatur 1° C. in Ensisheim auf 34,5 m, in Rädersheim auf 24,5 m und in Wittenheim sogar schon auf 18,4 m. In der Grube Amélie schwankt die Temperatur zwischen 42 bis 48° C.

Ausdehnung und Mächtigkeit der Kaliablagerungen.

Die bis jetzt bekannte Ausdehnung der unteren Kalifelder umfaßt etwa 172 Millionen Quadratmeter, die obere etwa 84 Millionen Quadratmeter.

Nach Abzug der zwischenliegenden Schieferschichten kann die untere Ablagerung eine mittlere Mächtigkeit von 3,507 Meter erreichen. Sie enthält 84,56% Sylvinit.

Dies ergibt für die 172 Millionen Quadratmeter 603,204 Millionen Kubikmeter ausbeutungsfähiger Salze.

---

1. Siehe Anm. Seite 12.

Die obere Sylvinitschicht ist nicht durch Schieferlager unterbrochen und ihre wahre mittlere Mächtigkeit erreicht 1,164 Meter. Multipliziert man diese Höhe mit dem Umfang von 84 Millionen Quadratmeter, so erhält man eine Gesamtmenge von 97,776 Millionen Kubikmeter Salz.

Beide Lager haben also zusammen eine Mächtigkeit:

das untere von   603,204 Millionen Kubikmeter,

das obere   ,,   97,776   ,,   ,,

Summa   700,980   ,,   ,,

ausbeutungsfähiger Salze.

Nimmt man an, daß 1 Kubikmeter Salz 2,1 Tonnen wiegt, so besitzen wir im ganzen Lager einen Vorrat von

1.472,058 Millionen Tonnen

abbaufähiger Rohprodukte.

Die Bruttokalisalze enthalten im Durchschnitt 22% K_2O, woraus hervorgeht, daß das oberelsässische Lager 323,853 Millionen Tonnen in abgerundeter Summe

300 Millionen Tonnen reines K_2O enthält.

Wert der Produkte.

Im Jahre 1909 betrug der Gesamtumsatz der deutschen Kalisalze 115.965.319 ℳ mit 675.330,9 Tonnen.

Die Grube Amélie enthält für sich allein 45,738 Millionen Tonnen reines Kali (K_2O), die zum heutigen Kurs einen Wert von 7 853 946 408 ℳ darstellen. Es geht daraus hervor, daß die gesamte Ablagerung des oberelsässischen Kalifeldes heute einen Wert von 50 Milliarden Mark darstellt.

Wenn man annimmt, daß der Weltverbrauch der Kalisalze bei seinem jetzigen Standpunkt verbleibt, so würden die Schätze der Grube Amélie für 67 bis 68 Jahre genügen, um ihn zu befriedigen, das ganze Wittelsheimer Becken aber würde die Nachfrage für eine Zeitdauer von ungefähr fünf Jahrhunderten decken (493 Jahre). Es ist aber nicht zweifelhaft, daß die Nachfrage eine steigende Tendenz verfolgen wird, denn die Anwendung der Kalidüngemittel verbreitet sich immer mehr in den landwirtschaftlichen Kreisen. P. Krische nimmt an, daß in Deutschland allein diese Zunahme während eines halben Jahrhunderts etwa

10% jährlich betragen dürfte. Wenn der Weltverbrauch eine gleiche Steigerung annehmen sollte, und diese Voraussetzung scheint nicht übertrieben zu sein, so würde der Vorrat der Grube Amélie hierzu für 21 Jahre und das gesamte oberelsässische Lager für 40 Jahre ausreichen, wenn es allein den Verbrauch sämtlicher Länder decken müßte.

Wir sind weit davon entfernt, einer so raschen Erschöpfung entgegensehen zu müssen, da die norddeutschen Kalilager bedeutende Reserven enthalten, die bis jetzt allein den Weltbedarf deckten.

---

1. Kali, IV. Jahrg. 1910, Heft V, Seite 99.

2. Es sei auch erwähnt, daß die Grube Amélie nur für 14,74 $^o/_{oo}$ beim Totalkonsum beteiligt ist.

Abkürzungen für den Gebrauch der Förster'schen Karte.

B A	= Battenheim A	Rg A	=	Regisheim A
Ba I	= „ I	Rg B	=	„ B
Bu I	= Burzweiler I	Rg I	=	„ I
E A	= Ensisheim A	R I	= Reichweiler	
E I	= „ I	Rein I	= Reiningen I	
E II	= „ II	Sa I	= Sausheim I	
E III	= „ III	Sch	= Wittelsheim Schacht (puits)	
Fe II	= Feldkirch II	Schw	= Schweighausen	
H I	= Heimsbrunn I	Se I	= Sennheim I (Cernay)	
Lu I	= Lutterbach I	Se II	= „ II „	
Lu II	= „ II	Se III	= „ III „	
Mei I	= Meienheim I	Su	= Sulz	
Mei II	= „ II	Uf I	= Uffholz I	
Me	= Merxheim	Ug I	= Ungersheim I	
Mü I	= Münchhausen I	Ug II	= „ II	
Mü II	= „ II	Ug III	= „ III	
Nm	= Niedermorschweiler	Wa I	= Wattweiler I	
OE I	= Oberenzen I	W II	= Wittelsheim II	
OE II	= „ II	W III	= „ III	
O	= Ostheim	W IV	= „ IV	
Pf II	= Pfastatt II	W V	= „ V	
Pf III	= „ III	W VI	= „ VI	
Pu I	= Pulversheim I	W VIII	= „ VIII (forage)	
Pu II	= „ II	W IX	= „ IX	
Pu III	= „ III	W X	= „ X	
Rä I	= Rädersheim I	Wi I	= Wittenheim I	
Rä IV	= „ IV			

Additional material from *Die Kalibergwerke im Oberelsaß,*
ISBN 978-3-662-33673-1 (978-3-662-33673-1_OSFO2),
is available at http://extras.springer.com

IV.

Bohrungen.

Der ursprüngliche Zweck der ersten bei Wittelsheim ausgeführten Bohrung war das Vorhandensein von Kohle, welche man unter dem Vogesensandstein vermutete, festzustellen. Die Bohrarbeiten begannen am 11. Juni 1904 und dauerten 143 Tage, d. h. bis 31. Oktober desselben Jahres, wobei eine Tiefe von 1119 m erreicht wurde. Bei etwa 400 m stieß man auf eine mit Mergelschiefer durchzogene Salzschicht und nur dank der großen Ausdauer des Herrn J. Vogt, dessen Mitbeteiligte zu jener Zeit jedes Vertrauen auf einen Erfolg des Unternehmens verloren hatten, wurde die Bohrung fortgesetzt. Bei 660 m durchbohrte man einige Salzschichten, die sich bei der Analyse als mit Chlornatrium vermengte Sylvinite erwiesen.

Aus dem anliegenden Profil (Tafel B) ersieht man die verschiedenen durchbohrten Gebirgsschichten; demselben folgt ein Auszug aus dem Bohrjournal, in dem die angewandte Bohrmethode, die Durchmesser der einzelnen Verrohrungen sowie die Bohrfortschritte genau angegeben sind (Seite 25 bis 29).

Wie das beigegebene Bohrprofil zeigt, besteht die erste Verrohrung aus einem 2 m langen Rohr von 15" = 375 mm Durchmesser. Die zweite hatte einen solchen von 12" bei 19,75 m Länge und die dritte von 10½" eine Länge von 110,75 m. Die nachfolgenden Verrohrungen verjüngen sich nach und nach wie die Teile eines Teleskops bis zur letzten Rohrtour, die auf eine Tiefe von 969 m eingebaut war und einen Durchmesser von 5" hatte. Der letzte Teil von 969 m bis 1119 m, der ausschließlich mit der Diamantkrone erbohrt war, blieb unverrohrt, da das betr. Gebirge genügend Festigkeit hatte.

Von den 1119 m wurden 502,45 m in 32¾ Tagen mit Meißel und 616,55 m in 74½ Tagen mit der Diamantkrone erbohrt. Die durchschnittlichen Tagesleistungen à 24 Stunden betrugen bei reiner Bohrzeit 10,40 m und bei totaler Bohrdauer incl. der für die Verrohrungen und Reparaturen aufgewendeten Zeit 6,83 m.

Teufe	Profil		Mächtigkeit	Gebirge
m	″	m	m	
39,00	15″ / 12″	2 / 19,75	39,00	Lehmiger Sand mit Kies
73,10			34,10	Grauer Mergel
88,10			15,00	Blaue Letten
	10 ½″	110,75		
			165,40	Grauer Mergel zum Teil hart
	9 ¼″	231,25		
253,50				
	8″	344,50	104,50	Grauer Mergel mit Anhydrit und Salz
358,00				
			154,15	abwechselnd Salz und Schiefer
	7″	481 25		
512,15				
			108,75	Schiefer
620,90				
	6″	660		
			326,85	Abwechselnd Salz und Schiefer
947,75				
	5″	969		
990,70			42,95	Grauer Mergel
997,70			7,00	Grün und grauer Mergel
1026,80			29,10	Grauer Mergel
1 44,70			17,90	Grün und grauer Mergel
			74,30	Grauer Mergel
1119,00				

Gewerkschaft „Gute Hoffnung", Niederbruck (Elsaß).

Auszug aus dem Bohrjournal

der

Bohrung Wittelsheim Nr. 1

ausgeführt mit

Bohrapparat „System J. Vogt"

zur Aufsuchung von Salz.

Tag der Anfuhr: 2. Juni 1904 } Dauer der Bohrung: 164 Tage
Tag der Abfuhr: 12. November 1904

Beginn der Bohrarbeit: 11. Juni 1904 } Dauer der Bohrarbeit: 143 Tage
Ende „ „ 31. Oktober 1905

Größte Bohrleistung mit Meißel in 24 Stunden = 50 m bei Teufe 23,10 m.

„ „ „ Diamantkrone in 24 Stunden =

        17,70 m bei Teufe 771,80 m.

In 32 $^3/_4$ Tagen reiner Bohrzeit wurde mit Meißel gebohrt:

    502,45 m = 15,34 pro Tag.

In 74 $^{17}/_{24}$ Tagen reiner Bohrzeit wurde mit Diamantkrone gebohrt:

    616,55 m = 8,25 m per Tag.

In 107 $^{11}/_{24}$ Tagen reiner Bohrzeit wurde mit Meißel u. Diamantkrone gebohrt:

    1119 m = 10,40 m per Tag.

In 164 Tagen totaler Bohrdauer wurde mit Meißel u. Diamantkrone gebohrt:

    1119 m = 6,83 m per Tag.

Verwendete Zeit in % der Bohrdauer.

		Tage	%
1	Aufschlagen	4 $^{22}/_{24}$	3,00
2	Meißelbohren	32 $^{18}/_{24}$	20,00
3	Diamantbohren	74 $^{17}/_{24}$	45,50
4	Verrohren.	4 $^{16}/_{24}$	2,75
5	Fangarbeit u. Reparaturen	3 $^{21}/_{24}$	2,50
6	Feiertage u. Wartezeit.	35 $^{2}/_{24}$	21,50
7	Röhren ziehen und Ver- dichten	6	3,50
8	Abschlagen	2	1,25
	Total. . . .	164	100 %

Datum	Leistungen			Teufe	Bemerkungen
	Tag	Nacht	Total		
1904					
2. Juni	--	—	--		Transport.
3. »	--	—	—		dito.
4. »	—	--	—		dito.
5. »	--	--	—		Wache.
6. »	—	—	—		Aufschlagen.
7. »	—	—	—		dito.
8. »	—	—	—		dito.
9. »	--	—	—		dito.
10. »	—	-	—		dito.
11. »	2,30	—	2,30	2,30	2 m 15″ Rohre eingebaut.
12. »	—	—	—		Wache.
13. »	2,70	2,80	5,50	7,80	8 m 12″ Rohre eingebaut.
14. »	3,20	3,00	6.20	14,00	12″ Rohre nachgebaut bis 14 m.
15. »	4.10	5,00	9,10	23,10	» » » » 19,75 m.
16. »	25,00	25,00	50,00	73,10	
17. »	15,00	22,50	37,50	110,60	
18. »	0.25	—	0,25	110,85	110,75 m 10¹/₂″ Rohre eingebaut.
19. »	—	—	—		Wache.
20. »	17,05	14,80	31,85	142,70	
21. »	18,60	20,70	39,30	182,00	
22. »	11,60	16,70	28,30	210,30	
23. »	16,50	4,50	21,00	231,30	
24. »	—	5,00	5,00	236,30	231,25 m 9¹/₄″ Rohre eingebaut.
25. »	13,20	13,20	26,40	262,70	
26. »	—	—	—		Wache.
27. »	10,00	10,60	20,60	283,30	
28. »	13,50	15,00	28,50	311,80	
29. »	8,70	9,80	18,50	330,30	
30. »	2,40	7,60	10,00	340,30	
1. Juli	4,10	—	4,10	344.40	205 m 8″ Rohre eingebaut.
2. »	0,30	0,80	1,10	345,50	8″ Rohre nachgebaut bis 344,50
3. »	—	—	—		Wache.
4. »	4,80	7,40	12,20	357,70	
5. »	6,20	3,20	9,40	367,10	
6. »	7,50	6.40	13.90	381,00	
7. »	2.20	9,60	11,80	392,80	Diamant- und Meißelbohrung.
8. »	8,50	6,00	14,50	407,30	Meißelbohrung.
9. »	6,40	4,70	11,10	418,40	
10. »	—	—	—		Wache.
11. »	1.00	6,30	7,30	425,70	Diamant- und Meißelbohrung.
12. »	7,70	3,60	11,30	437,00	Meißelbohrung.

Datum	Leistungen			Teufe	Bemerkungen
	Tag	Nacht	Total		
1904					
13. Juli	3,30	3,90	7,20	444,20	Diamant- und Meißelbohrung.
14. »	—	—	—		Auf Abnahme gewartet.
15. »	—	—	—		dito.
16. »	1,00	—	1,00	445,20	Diamantbohrung.
17. »	—	—	—		Wache.
18. »	3,40	1,00	4,40	449,60	Diamant- und Meißelbohrung.
19. »	9,40	4,00	13,40	463,00	
20. »	3,00	0,90	3,90	466,90	
21. »	0,90	4,10	5,00	471,90	
22. »	1,30	5,00	6,30	478,20	Diamantbohrung.
23. »	5,00	—	5,00	483,20	
24. »	—	—	—		Wache.
25. »	—	—	—		460 m 7″ Rohre eingebaut.
26. »	0,15	3,50	3,65	486,85	7″ Rohre nachgebaut bis 479 m.
27. »	5,10	7,00	12,10	498,95	
28. »	9,20	5,80	15,00	513,95	7″ Rohre nachgebaut bis 481,25 m.
29. »	2,75	3,20	5,95	519,90	
30. »	3,50	4,00	7,50	527,40	
31. »	—	—	—		Wache.
1. August	4,30	3,20	7,50	534,90	
2. »	3,80	3,40	7,20	542,10	
3. »	3,60	2,30	5,90	548,00	
4. »	3,20	3,20	6,40	554,40	
5. »	3,30	3,90	7,20	561,60	
6. »	3,80	1,00	4,80	566,40	Diamant- und Meißelbohrung.
7. »	—	—	—		Wache.
8. »	4,10	2,40	6,50	572,90	Meißelbohrung.
9. »	4,70	2,60	7,30	580,20	
10. »	6,60	3,30	6,90	587,10	
11. »	3,80	3,00	6,80	593,90	
12. »	5,10	2,80	7,90	601,80	
13. »	7,60	4,20	11,80	613,60	
14. »	—	—	—		Wache.
15. »	—	—	—		dito.
16. »	4,30	0,60	4,90	618,50	
17. »	3,20	6,60	9,80	628,30	Diamant- und Meißelbohrung.
18. »	3,70	4,60	8,30	636,60	Diamantbohrung.
19. »	8,00	5,00	13,00	649,60	
20. »	4,00	8,60	12,60	662,20	
21. »	—	—	—		Wache.
22. »	4,20	—	4,20	666,40	440 m 6″ Rohre eingebaut.

Datum	Leistungen			Teufe	Bemerkungen
	Tag	Nacht	Total		
1904					
23. August	—	—	—		6″ Rohre nachgebaut bis 660 m.
24. »	1,30	5,90	7,20	673,60	
25. »	4,40	2,50	6,90	680,50	
26. »	3,10	4,50	7,60	688,10	
27. »	2,15	3,20	5,35	693,45	
28. »	—	—	—		Wache.
29. »	2,70	2,90	5,60	699,05	
30. »	4,00	3,35	7,35	706,40	
31. »	6,00	7,00	13,00	719,40	
1. Sept.	7,50	3,20	10,70	730,10	
2. »	3,50	3,30	6,80	736,90	
3. »	3,30	4,00	7,30	744,20	
4. »	—	—	—		Wache.
5. »	2,50	3,10	5,60	749,80	
6. »	4,55	7,35	11,90	761,70	
7. »	4,10	6,00	10,10	771,80	
8. »	7,70	10,00	17,70	789,50	
9. »	4,20	4,70	8,90	798,40	
10. »	4,00	2,00	6,00	804,40	
11. »	—	—	—		Wache.
12. »	4,00	3,90	7,90	812,30	
13. »	3,50	3,80	7,30	819,60	
14. »	4,20	4,50	8,70	828,30	
15. »	3,30	4,00	7,30	835,60	
16. »	3,70	3,40	7,10	842,70	
17. »	5,30	3,00	8,30	851,00	
18. »	—	—	—		Wache.
19. »	4,00	0,50	4,50	855,50	
20. »	4,00	3,30	7,30	862,80	
21. »	2,10	6,00	8,10	870,90	
22. »	5,60	3,20	8,80	879,70	
23. »	3,80	6,70	10,50	890,20	
24. »	4,10	5,00	9,10	899,30	
25. »	—	—	—		Wache.
26. »	6,70	3,40	10,10	909,40	
27. »	4,00	3,80	7,80	917,20	
28. »	—	3,10	3,10	920,30	Stangenbruch.
29. »	2,60	2,20	4,80	925,10	
30. »	3,30	4,10	7,40	932,50	
1. Okt.	3,10	3,40	6,50	939,00	
2. »	—	—	—		Wache.

Datum	Leistungen			Teufe	Bemerkungen
	Tag	Nacht	Total		
1904					
3. Okt.	3,40	3,20	6,60	945,60	
4. »	4,00	3,00	7,00	952,60	
5. »	3,10	3,30	6,40	959,00	
6. »	3,10	4,60	7,70	966,70	
7. »	2,70	3,20	5,90	972,60	
8. »	2,90	0,50	3,40	976,00	
9. »	—	—	—		Wache.
10. »	2,00	4,20	6,20	982,20	
11. »	4,50	4,00	8,50	990,70	
12. »	4,70	2,30	7,00	997,70	
13. »	—	2,50	2,50	1000,20	345 m 5″ Rohre eingebaut und auf Sohle 969 m gestellt.
14. »	4,10	3,60	7,70	1007,90	
15. »	4,70	4,00	8,70	1016,60	
16. »	—	—	—		Wache.
17. »	6,00	4,20	10,20	1026,80	
18. »	3,20	5,00	8,20	1035,00	
19. »	5,90	3,80	9,70	1044,70	
20. »	5,00	6,00	11,00	1057,70	
21. »	3,10	6,50	9,60	1065,30	
22. »	3,50	5,00	8,50	1073,80	
23. »	—	—	—		Wache.
24. »	4,60	2,70	7,30	1081,10	
25. »	4,30	4,00	8,30	1089,40	
26. »	2,90	4,00	6,90	1096,30	
27. »	5,00	2,70	7,70	1104,00	
28. »	4,50	4,10	8,60	1112,60	
29. »	2,50	3,50	6,00	1118,60	
30. »	—	—	—		Wache.
31. »	0,40	—	0,40	1119,00	Röhren ziehen.
1. Nov.	—	—	—		Wache.
2. »	—	—	—		Röhren ziehen.
3. »	—	—	—		dito.
4. »	—	—	—		dito.
5. »	—	—	—		dito.
6. »	—	—	—		Wache.
7. »	—	—	—		Röhren ziehen.
8. »	—	—	—		dito.
9. »	—	—	—		Abschlagen.
10. »	—	—	—		dito.
11. »	—	—	—		dito.
12. »	—	—	—		dito.

Diese Schnelligkeit ist einesteils der wenig großen Härte der durchbohrten Gebirgsschichten, andernteils aber auch der von Herrn Vogt eingeführten Vervollkommnung der kombinierten Bohrmethode, mittels der ohne Schwierigkeit von der Meißel- zur Diamantbohrung übergegangen werden kann, zu verdanken. Diese Methode wurde bereits bei einer großen Zahl Bohrungen in den verschiedensten Ländern so z. B. in Rumänien, Belgien, Frankreich, Rußland, Italien, Afrika, Brasilien usw. angewendet und hat deren praktische Bewährung zur Ausbildung des Vogt'schen Bohrsystems, dessen Beschreibung wir im nachstehenden folgen lassen, zu seiner heutigen Vollkommenheit geführt.

Neuer kombinierter Dampfspültiefbohrapparat
für Meißel- und Diamantbohrung.

Die in der Bohrindustrie verwendeten Tiefbohrapparate teilen sich in zwei Haupttypen :
    1. Schlagapparate,
    2. Rotationsapparate.

Bei den Schlagapparaten arbeitet ein in eine Schneide ausgeformtes Werkzeug, das wechselweise auf- und abbewegt wird. Dieses Werkzeug, Bohrmeißel genannt, ist wie der Name es schon sagt, eine Art großer Meißel, der durch die schnell aufeinanderfolgenden Schläge beim Aufprallen auf das Gebirge dasselbe zersplittert. Dabei wird derselbe nach jedem Stoß etwas gedreht, damit er das Gebirge gleichmäßig rund bearbeitet und zerkleinert. Der Meißel wird mit Vorteil in den weichen und mittelharten Gebirgen angewendet, während naturgemäß die Fortschritte in den härteren Kalksteingebirgen, den Konglomeraten und den Quarzen entsprechend kleiner sind.

Das System des Rotationsapparates beruht dagegen auf einer drehenden Bewegung des Bohrwerkzeuges. Dasselbe besteht aus der sogenannten Bohrkrone, einem eisernen Ringe, der an der Bohrstange befestigt ist und in dessen Stirnfläche Diamanten eingesetzt sind. Zum Bohren werden sowohl weiße als auch schwarze Diamanten, sogenannte Carbone, die bedeutend härter und auch teurer als die weißen sind, verwendet. Durch die schnell drehende Bewegung bearbeitet die Krone das Gebirge und schneidet so aus

dem vollen einen Kern, der beim Ausziehen der Krone durch eine
Feder festgehalten und mit hoch gebracht wird.

Während dem Rotationsbohren wird, ebenso wie auch bei der
Meißelbohrung, durch das hohle Bohrgestänge unter hohem Druck
Wasser auf die Bohrlochsohle gepumpt, das außerhalb des Gestänges zwischen diesem und der Verrohrung wieder zu Tage tritt.
Das Einpumpen des Wassers, die sogenannte Spülung, hat einen
doppelten Zweck : erstens dient sie dazu, das Bohrwerkzeug, ganz
besonders beim Bohren mit der Krone, die sich bei der großen
Schnelligkeit, mit der sie sich bewegt, außerordentlich erhitzt,
abzukühlen und zweitens, um das durch das Bohren zu Pulver
zerstossene bezw. zermalene Gebirge mit hoch zu bringen. Diese
Bohrmethode kann in allen Gebirgsarten ohne Unterschied auf
deren Härte angewendet werden.

Nachdem der eigentliche Bohrvorgang erklärt ist, ist es leicht
verständlich, daß, wenn man ein Gebirge von großer Mächtigkeit
zu durchbohren hat, das Bohrwerkzeug je nach Zahl und Verschiedenheit der anstehenden Schichten bald in weichen, bald in
mittelharten oder bald in sehr harten Gebirgsarten arbeiten muß.
In den beiden ersteren Kategorien werden mit dem Bohrmeißel
gute Resultate erzielt, sodaß man zu keinem anderen Mittel zu
greifen braucht, da die Fortschritte reichlich genügend sind. In
den sehr harten Gebirgen dagegen, arbeitet der Meißel langsamer,
d. h. die Bohrleistungen sind entsprechend kleiner. Außerdem
kann der Meißel durch die Heftigkeit der Stöße auf das harte
Gestein leicht brechen. In solchen Fällen muß dann der abgebro-
chene Bohrmeißel, der mitunter mehrere hundert Meter tief in
einem engen Bohrloch liegt, mittels besonderer Fangwerkzeuge
und erst unter großer Mühe wieder gefangen werden. Widersteht
aber der Meißel der Härte des Gebirges, so arbeitet er schlecht und
kommt nur langsam vorwärts. Nun ist aber die Frage der Schnelligkeit bei Bohrungen oft von größter Wichtigkeit, namentlich wenn
es sich um Bohrungen in größere Tiefen handelt. Wenn man daher
schneller vorwärts kommen und zu diesem Zwecke zum Diamantbohren greifen will, so muß eine neue Einrichtung aufgestellt
werden. Da aber der Bohrunternehmer nie im voraus weiß,
welche Mächtigkeit das zu durchteufende harte Gebirge hat, so
ist er wenig geneigt, für eine Arbeit, die unter Umständen nur von

kurzer Dauer ist, eine völlige Umänderung seiner Bohrvorrichtung vorzunehmen.

Man kann sich hieraus erklären, von welchem eminenten Vorteil es ist, einen kombinierten Bohrapparat zu besitzen, mit dem man ohne nennenswerten Zeit- und Geldaufwand schnell von der Meißel- zur Diamantbohrung übergehen kann und zwar jeweils dann, wenn dies durch die Änderung des Gebirges nötig wird, um die volle Bohrleistung aufrecht zu erhalten.

Die Lösung dieses Problems hat sich nun Herr Jos. Vogt in Niederbruck i. E. zur Aufgabe gemacht. Die Notwendigkeit, die im Erdinnern verborgenen Mineralien stets in größeren Tiefen aufsuchen zu müssen, haben ihn dazu geführt, die Konstruktion eines Bohrapparates zu studieren, der alle für die heutigen Verhältnisse erforderlichen Vorteile in sich vereinigt. Eine 15 jährige Bohrpraxis mit diesem Bohrsystem und die damit erzielten bemerkenswerten Resultate zeigen zur Genüge, daß die gesammelten Erfahrungen zur Verwirklichung des Problems geführt haben.

Der Apparat, der in allen Hauptstaaten durch zahlreiche Patente geschützt ist, wird in drei verschiedenen Größen für Tiefen bis 400, 1000 und über 1500 m mit Dampf- und elektrischem Antrieb ausgeführt. Außerdem wird für kleinere Bohrungen ein Handbohrapparat nach diesem System für Tiefen bis zu 200 m gebaut.

Der Meißel (A), die Schwerstange (B) und das Hohlgestänge (C) sind an dem Schwengel (D) aufgehängt. Das Nachlassen geschieht durch Nachlaßschlüssel (E). Der am oberen Teile des Gestänges angebrachte Spülkopf (F) ist durch einen Gummischlauch mit der Dampf- oder Riemen-Spülpumpe (G) verbunden, welche ihrerseits durch die Saugleitung (H) gespeist wird.

Eine interessante Eigentümlichkeit des Systems besteht darin, daß zwischen dem Bohrschwengel (D) und dem Antriebsmechanismus Pufferfedern (1) derart eingeschaltet sind, daß ihre Spannung durch Gegenfedern und Schrauben entsprechend der Bohrlochtiefe in gewissen Grenzen geregelt werden kann. Ebenso sind auf die gleiche Art in ihrer Spannung regulierbare Pufferfedern (K) zwischen Schwengel und Gestänge angeordnet. Diese Pufferfedern haben einen vierfachen Zweck :

Additional material from *Die Kalibergwerke im Oberelsaß,*
ISBN 978-3-662-33673-1 (978-3-662-33673-1_OSFO3),
is available at http://extras.springer.com

1. das Gestänge elastisch zu lagern;
2. die entstehenden Prellstöße in sich aufzunehmen, um so den Apparat und das Gestänge zu schonen;
3. den Hub des Bohrmeißels entsprechend der Zusammenpressung der Federn zu vergrößern und
4. die Bewegungsumkehr des Meißels nach erfolgtem Aufschlag auf die Sohle zu beschleunigen, um so nur einen kurzen, aber umso wirkungsvolleren Schlag auf die Bohrlochsohle zu erzeugen und das Schlagtempo bis 120 und mehr Schläge per Minute erhöhen zu können. Gleichzeitig werden dadurch auch Klemmungen der Meißel im Bohrloch vermieden, welche häufig Meißel- oder Gestängebrüche zur Folge haben.

Je tiefer eine Bohrung wird, desto größer wird auch das Gewicht des Bohrgestänges. Man muß deshalb von Zeit zu Zeit die Federn durch stärkere ersetzen.

Die Anordnung dieser Federn direkt zwischen Antrieb und Schwengelschwanz und zwischen Schwengelkopf und Gestänge bewirkt, daß die entstehenden Prellstöße gerade an denjenigen Stellen, wo sie entstehen, aufgefangen werden. Durch diese günstige Anordnung der Federn in Verbindung mit Gegenfedern können in Tiefen von über 1500 m selbst in härterem Gebirge mit dem Meißel und steifen Gestänge noch beträchtliche Bohrfortschritte erzielt werden.

Das am Schwengel angebrachte verstellbare Lager bietet den großen Vorteil, daß der Hub des Bohrmeißels sehr einfach und schnell dem jeweiligen Gebirge entsprechend vergrößert oder verkleinert werden kann. Dieser Umstand kommt besonders vorteilhaft in abwechselnd weichem und hartem Gebirge zur Geltung.

Die Nachlaßschlüssel (E) gestatten das ununterbrochene Abbohren einer ganzen Bohrstange bis zu 5 m Länge und mehr, wenn dieselben in größeren Längen ohne Muffen zur Verwendung kommen.

Die Fördertrommel zum Ausziehen der Gestänge wird durch einen Hebel ein- und ausgerückt. Sie ermöglicht bei der Förderung eine Seilgeschwindigkeit bis zu 0,80 m in der Sekunde. Das Förderseil ist doppelt; es läuft über 2 Scheiben oben im Bohrturme und um eine Rolle, welche den Gestängestuhl trägt. Bei einer Förderung mit 2 Seilen wird eine Drehung des Gestänges vermieden und dadurch ermöglicht, daß der Durchmesser des Seiles geringer gehalten werden kann, wodurch dasselbe bedeutend geschmeidiger wird. Wenn das Förderseil an einem Ende fest mit dem Bohrgerüst verbunden wird, erhält man einen Flaschenzug, der die doppelte Last heben kann.

Das Förderkabel gestattet ein Heben der Gestänge- oder Röhrenlast mit 2 verschiedenen Geschwindigkeiten durch Anwendung von zwei verschiedenen Zahnrädervorgelegen, während eine dritte und vierte Geschwindigkeit dann ermöglicht wird, wenn das eine Ende des Seiles von der Trommel abgehängt und am Bohrgerüste befestigt wird.

Eine leicht einrückbare Schlemmtrommel ist gewöhnlich mit dem Apparat kombiniert, sodaß man, wenn dies nötig wird, nach dem Bohren ohne weiteres direkt schlemmen kann. Die Trommel wird auf dem Schwengelgerüst verlagert, wo sie am besten untergebracht werden kann.

Die Ventilbüchse wird beim Bohren ohne Spülung angewandt, wenn deutlichere Bohrproben genommen werden sollen.

Der Diamantbohrapparat ist auf einem Geleise auf der ersten Bühne fahrbar montiert und kann leicht und schnell in die Arbeitsstellung gebracht werden.

Die ersten Apparate dieses Systems wurden 1896 gebaut und für Petroleumbohrungen, deren Tiefen zwischen 180 und 950 m schwankten, verwendet. Die dabei erzielten Resultate waren sehr gute. Seither sind über 500 Bohrungen nach den verschiedensten Mineralien zum Teil unter den schwierigsten Gebirgsverhältnissen in Deutschland, Frankreich, Italien, Belgien, Spanien, Schweiz, Rußland, Rumänien und Afrika ausgeführt worden.

Diese Apparate, welche von sehr starker Konstruktion sind, werden hauptsächlich für Bohrungen auf größere Teufen verwendet, bei denen das Gewicht des Meißels und der Bohrgestänge (b) sehr beträchtlich ist. Der Arbeiter, welcher das Nachlassen des Bohrgestänges besorgt, bedient sich hierzu der schon vorerwähnten Nachlaßschlüssel (e), einer Art Backenklemmen, die auf an dem Schwengel (d) angebrachten Pufferfedern (i) ruhen.

Diese Nachlaßschlüssel (Fig. 1), die aus 2 Teilen (e) und (e') bestehen, werden durch kleine Spiralfedern 10 mm auseinandergehalten ; durch Spannen des Schlüssels (e) und durch gleich-

zeitiges Entspannen des (e') springt der letztere 10 mm hoch ;
nachdem wird (e') gespannt und (e) entspannt, wobei das Gewicht
des Gestänges (b) die kleinen Spiralfedern zusammendrückt und

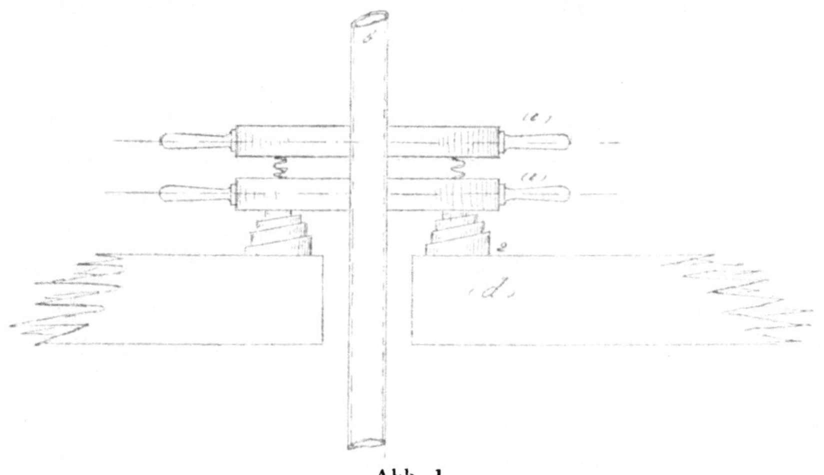

Abb. 1.

Abb. 2.

das Gestänge (b) um 10 mm abgleitet. Diese Operation wieder-
holt sich nach dem jeweiligen Abbohren von 10 mm ; es gehört
natürlich eine gewisse Erfahrung des die Schlüssel bedienenden

Arbeiters dazu, damit das Nachlassen dem Bohrfortschritt entsprechend ausgeführt wird.

Ein anderer Apparat jüngerer Konstruktion, dessen allgemeine Form aus der Abbildung (Fig. 3) zu ersehen ist, hat eine größere Beweglichkeit und gestattet dem Arbeiter das Nachlassen des Gestänges genau nach dem Bohrfortschritt zu regulieren.

Das Bohrgestänge ist bei diesem Apparat (siehe Figur 2) nicht am Schwengel, sondern an einem starken Drahtseil (C) aufgehängt. Letzteres läuft von der Trommel (H), auf der das andere Ende aufgerollt ist, über eine im Schwengel (L) angebrachte Rolle (P) und erhält durch eine Kurbel eine schwingende Bewegung. Die Kurbel ihrerseits wird durch eine im Schwengel mittels Federn elastisch verlagerte Pleuelstange (B) bewegt, während der Antrieb selbst durch einen beliebigen Motor erfolgen kann. Eine zweite Krantrommel (K), die mit der ersten durch ein Zahnradgetriebe verbunden ist, trägt das an einem Seile aufgehängte Gewicht (P), welches auf diese Weise die auf der ersten Trommel (H) ruhende Last des Gestänges ausgleicht. Die Ausgleichung erfolgt dem Bohrfortschritt entsprechend durch Erhöhung des Gewichtes (P).

Abb. 3.

Dadurch, daß der Arbeiter das Abwickeln des Drahtseiles (C)
mittels eines durch ein Handrad (Y) zu bewegendes Schnecken-
rad (V) besorgen kann, wozu es nur wenig Anstrengung bedarf,
hat er das im Bohrloch arbeitende Bohrgerät völlig in der Hand
und kann somit dessen Bewegung genau nach dem Bohrfortschritt
regeln.

Die Regulierbarkeit ist derart, daß der Bedienungsmann die
Stärke der Prellstöße des Meißels jederzeit verstärken oder vermindern kann. Diese Regulierfähigkeit ist aber ganz besonders
beim Diamantbohren von großer Wichtigkeit, da die in der Bohrkrone befindlichen Diamanten sehr leicht beschädigt werden
können, wenn erstere durch die Gestängelast zu stark auf die
Bohrlochsohle gedrückt wird.

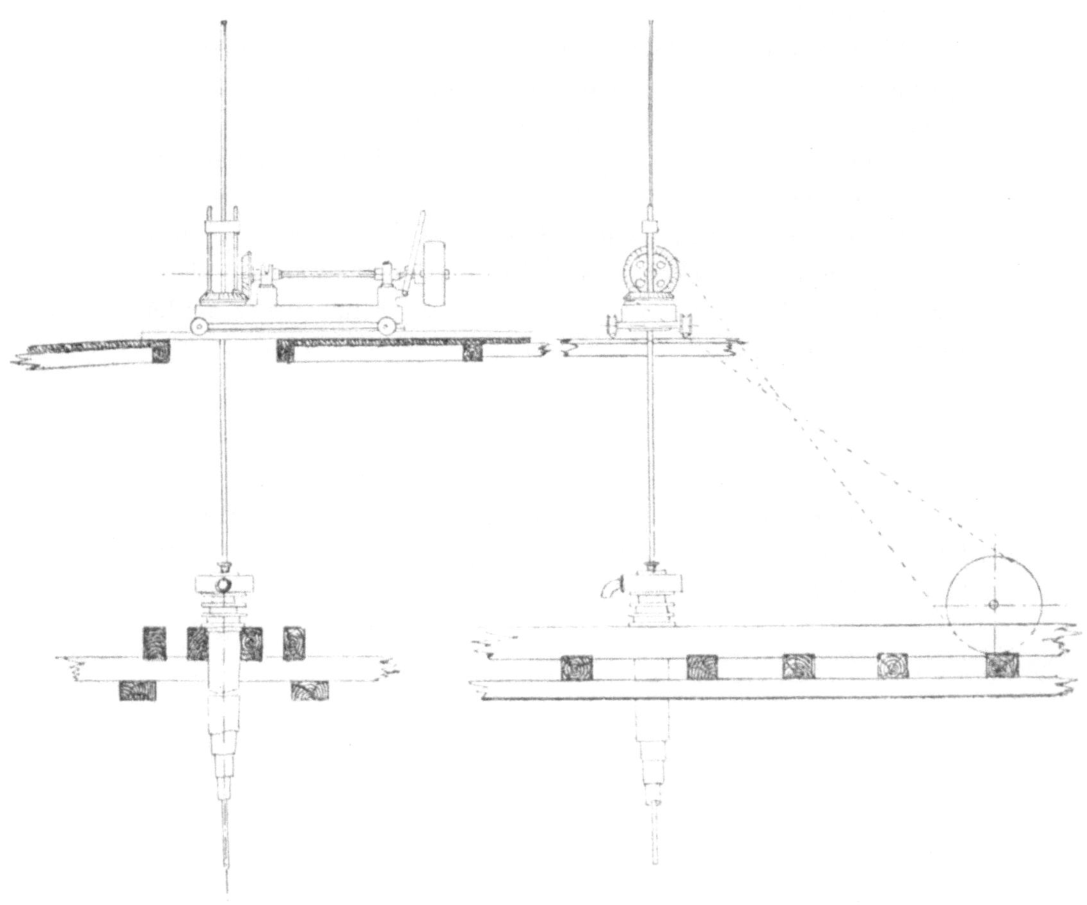

Abb. 4.

Die Bohrkrone wird mittels eines Kernrohres an das Hohlgestänge, welches an seinem oberen Ende in einem in zwei Spindeln
ruhenden Mitnehmerschlüssel befestigt ist, angeschraubt und durch
ein Zahnradwinkelgetriebe (Fig. 4) in rotierende Bewegung gebracht. Diese Vorrichtung ist auf einem kräftigen gußeisernen
Wagen mit Laufrollen montiert. Er wird auf einem Geleise auf der
ersten Bohrturmbühne aufgestellt, sodaß er sehr leicht und schnell
über die Bohrlochöffnung geschoben werden kann.

Das mittels einer starken Pumpe durch das Hohlgestänge ein-
gepreßte Spülwasser tritt durch einen im oberen Teil der Verrohrung angebrachten Ausflußstutzen wieder zu Tage. Es fließt
von da in große Gruben, in denen sich der Bohrschlamm absetzt;
an letzterem kann die Beschaffenheit des durchbohrten Gebirges
erkannt werden.

Das Kernrohr, an dessen unterm Teil die Diamantkrone fest-
geschraubt wird, gestattet die Entnahme von Bohrkernen in
Längen bis zu 10 m je nach der Festigkeit des Gebirges.

Wenn man auf Salz bohrt, wie dies in Wittelsheim der Fall war,
verwendet man zum Spülen Chlormagnesiumlauge, um ein Schmel-
zen der Salzkerne während dem Bohren zu vermeiden; auf diese
Weise konnten Salzkerne zu Tage gebracht werden, deren
Analyse den Reichtum an Kali, das unser heimatlicher Boden
birgt, erwies.

Diesem Bericht fügen wir ein Bohrprofil der Bohrung Wittelsheim I mit Angabe der durchbohrten Gebirgsschichten bei
(Tafel VIII).

Additional material from *Die Kalibergwerke im Oberelsaß,*
ISBN 978-3-662-33673-1 (978-3-662-33673-1_OSFO4),
is available at http://extras.springer.com

V.

Schachtabteufen.

Zur Zeit als das Niederbringen des ersten Förderschachtes der Gewerkschaft Amélie beschlossen wurde, existierte im Elsaß noch kein Werk dieser Art, auf das man sich hätte berufen können. Die bis dahin zur geologischen Aufschließung des Untergrundes ausgeführten Bohrungen konnten über die Art und Weise des Abteufens nur einen sehr relativen Anhalt bieten. Das Vorhandensein von wasserführenden Schichten, aus Kies- und Sandbänken bestehend, erforderte jedoch von vornherein die Anwendung spezieller Vorsichtsmassregeln für das Niederbringen des Schachtes.

Durchteufen der wasserführenden Schichten.

Im Allgemeinen muß beim Abteufen, ohne Rücksicht auf die anzuwendende Methode, ein doppelter Zweck verfolgt werden :

1. den Schacht auf die schnellste und billigste Weise, soweit es die Sicherheit und eine sorgfältige Ausführung zuläßt, bis unterhalb der wasserreichen Zone niederzubringen und

2. ihn in dieser wasserführenden Zone vollkommen abzudichten, um die späteren Förderarbeiten gegen eindringende Wasser zu sichern. Dies geschieht durch Ausbau mit gußeisernen Tübbings auf der ganzen Höhe der wasserführenden Zone ; dieser Tübbingsausbau muß sowohl dem Gebirgs- als auch dem Wasserdruck widerstehen können.[1]

Die Gewerkschaft Amélie erachtete mit Recht, daß für das Abteufen nur die sicherste Methode in Frage kommen könne. Sie entschloß sich deshalb auch, trotz der höheren Kosten, für das radikalste Verfahren, nämlich für das Poetsch'sche oder Gefrierverfahren.

---

1. Die völlige Abdichtung der Schächte in den wasserführenden Schichten ist besonders bei Salz- und Kalibergwerken wegen der leichten Löslichkeit dieser Salze und der damit verbundenen Gefahr für das Bergwerk unbedingt notwendig.

Abteufen nach dem Gefrierverfahren.

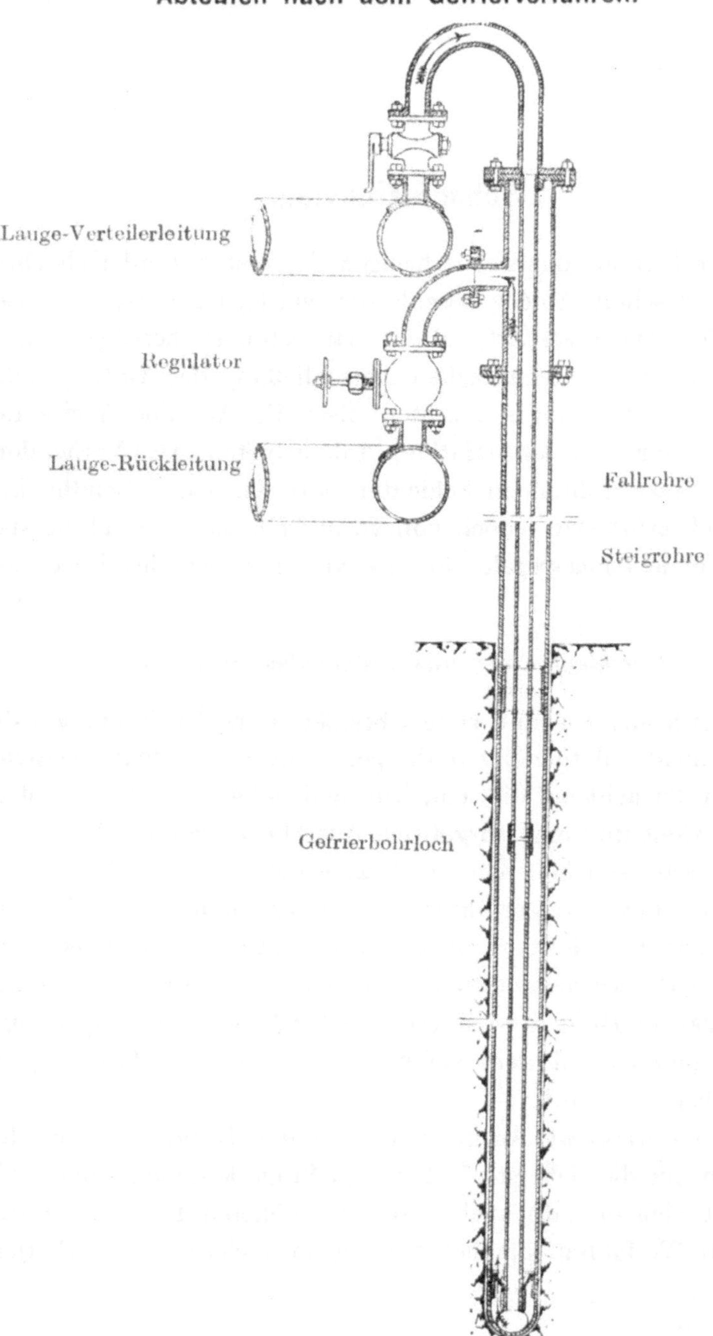

Schnitt einer Gefrierleitung.

Abb. 5.

Abteufen mittels Gefrierverfahren (Fig. 5).

Dieses Verfahren hat seit seiner Erfindung durch Poetsch im Jahre 1883 keine wesentlichen Änderungen erfahren. Es besteht darin, das wasserreiche Gebirge, in dem der Schacht niedergebracht werden soll, in einen Frostkörper umzuwandeln. Das Abteufen kann alsdann in demselben trocken mit den gewöhnlichen Hilfsmitteln erfolgen.[1]

Die Festigkeit eines solchen Frostkörpers erhöht sich mit dem Abnehmen der Temperatur: bei —25° C. beträgt sie 180 bis 200 kg per Quadratcentimeter.

Das Eis übernimmt hier die Rolle des Bindemittels zwischen den Gebirgsteilchen ähnlich wie der Cement im Beton. Die Festigkeit der gefrorenen Schichten gegenüber dem Gebirgsdruck ist höher als der des Eises.

Um das Gefrierverfahren bisher auf größere Teufen mit Erfolg anwenden zu können, war man gezwungen, die Schächte absatzweise zu gefrieren.

Infolge der fortwährenden Vervollkommnungen der Kälteerzeugungsmaschinen konnte man jedoch auf der Zeche Borther der Firma Solvay in Buderich bei Wesel das Gebirge bis zu einer Teufe von 325 m in einem Absatze gefrieren; neuerdings soll sogar dies Verfahren bis 480 m mit Erfolg angewendet worden sein.[2]

Die Kälte wird über Tage mittels einer neben dem Schacht aufgestellten Eismaschine erzeugt. Als Kälteträger benutzt man z. B. Chlormagnesiumlauge von 28° Baumé, die erst bei —35° C. gefriert. Diese Flüssigkeit, auf —25° abgekühlt, wird durch Pumpen in die Gefrierlöcher, welche bis in das feste Gebirge reichen, gedrückt. Diese Gefrierbohrlöcher, deren Senkrechte mit einem speziellen Apparat geprüft werden kann, werden in Abständen von circa 80 cm in einem Umkreis, der etwa 1 bis 1,50 m größer als der Schachtdurchmesser ist und diesen konzentrisch umgibt, angesetzt.

In jedes Bohrloch werden zweierlei Rohre eingebaut: je ein Rohrstrang, Steigrohre genannt, von ca. 110 bis 130 mm lichter Weite, der unten geschlossen ist, wird bis auf die Bohrlochsohle

---

1. Technique moderne, Oktober 1910, Mitteilung des Herrn Zaeringer an den Internationalen Kongreß in Düsseldorf, Juni 1910.

2. Revue noire, Juli 1910.

eingelassen und in diesen ein engerer unten offener Rohrstrang von 30—40 mm Öffnung, die sogenannten Fallrohre, eingehängt.

Die letzteren, welche an ihren oberen Enden an eine mit der Kälteerzeugungsanlage verbundene ringförmige Verteilerleitung angeschlossen sind, dienen dazu, die Chlormagnesiumlauge bei niederer Temperatur in die Bohrlöcher zu führen. Die äußeren oder Steigrohre sind über Tage an eine Sammelleitung angeschlossen, von der aus die Kälteflüssigkeit in die Verdampfer der Gefriermaschine zurückgeleitet und abgekühlt wird, um alsdann ihren Kreislauf von neuem zu beginnen. Die Lauge strömt mit einer Geschwindigkeit von 1,50 m bis 2 m pro Sekunde in den Fallröhren hinab und steigt in den äußeren Röhren mit einer Geschwindigkeit von höchstens 0,13 m per Sekunde empor.[1]

Bei dem Aufsteigen der Lauge in den Gefrierlöchern gibt diese an das anschließende Gebirge Kälte ab, sodaß sich nach und nach um jedes Gefrierrohr herum zylindrische Frostkörper bilden. Dieselben nehmen fortgesetzt an Stärke zu, bis sie sich zu einem Ring aneinander schließen. Dieser so entstandene Frostkörper wird in der Regel als stark genug bezeichnet, wenn die Lauge mit einer Temperatur von —20° in die Verdampfer zurückfließt.[2]

Tübbingsausbau (Fig. 6—10).

Nachdem das Abteufen unter dem Schutze der Frostmauer beendet ist, wird zum Ausbau mit gußeisernen Tübbings geschritten. Dieselben werden auf dem sogenannten Keilkranz aufgebaut, der in das wasserundurchlässige Gebirge verlagert wird und so eine hermetische Abdichtung zwischen den wasserführenden Schichten und dem Schachtinnern bildet.

Dieser Keilkranz ist aus einzelnen mit Verstärkungsrippen versehenen Segmenten zusammengesetzt; er hat eine Höhe von circa 30 cm und bildet einen kreisförmigen Ring, dessen innerer Durchmesser dem lichten Durchmesser des Schachtes entspricht.

---

1. Dorion, Exploitation des mines.

Dr. Albert Stange, Illustriertes Jahrbuch der Wirtschaft und Technik im Deutschen Kalisalz-Bergbau.

2. Nach Beendigung des Gefrierprozesses und nachdem der Frostkörper aufgetaut ist, werden die eingebauten Gefrierrohre ausgezogen und die Gefrierbohrlöcher sorgfältig verdichtet.

Der Keilkranz wird gegen das Gebirge durch eine 5—6 cm starke Pikotage verkeilt, um ihm eine völlige feste Lage zu geben. Zu diesem Zweck wird der Raum hinter dem Keilkranz mit Tannenbrettchen belegt und die Zwischenräume mit Moos ausgestopft. Nachdem werden in diese zunächst flache, dann spitze Keile eingetrieben. Wenn die Keile derart dicht eingetrieben sind, daß die Stahlkeile, die zum Vortreiben von Löchern für die Pikotierkeile dienen, nicht mehr eindringen können, gilt die Pikotage als genügend.

Diese muß natürlich auf dem ganzen Umfang so gleichmäßig als möglich sein, damit die Oberfläche des Keilkranzes völlig horizontal bleibt.[1]

Die Tübbingssäule selbst besteht aus aufeinander gestellten Ringen. Diese sind, ebenso wie der Keilkranz, aus einzelnen Segmenten zusammengesetzt, wovon je nach dem Schachtdurchmesser 8—12 Stück einen Ring bilden. Die Höhe eines Tübbings beträgt 1,50 m.

Die Segmente sind mit Verstärkungsrippen versehen und haben an den Vertikal- und Horizontalseiten gedrehte Flanschen, um ein genaues Zusammenpassen zu erreichen; die Fugen werden durch Bleistreifen abgedichtet.

Abteufen des Schachtes I der Gewerkschaft Amélie.

Allgemeine Abteufbedingungen.

Die Ausführung des Schachtes I der Gewerkschaft Amélie wurde der Deutschen Schachtbau-Gesellschaft in Nordhausen übertragen, welche sich verpflichtete, den Schacht mit einem lichten Durchmesser von 5,50 m bis zur Tiefe von 600 m niederzubringen mit der Garantie, daß die Wasserzuflüsse nach Fertigstellung des Schachtes 10 Minutenliter nicht übersteigen dürfen.

Durch den Abteufvertrag wurde folgendes Arbeitsprogramm festgesetzt:

a) Anwendung des Gefrierverfahrens bis 50 m Tiefe mit Tübbingsausbau auf der ganzen Strecke.

---

1. Die Gewerkschaft Amélie hat eine Pikotage zwischen dem Gebirge und den Keilkränzen infolge des geringen Wasserdruckes und der geringen Widerstandsfähigkeit, die die Gebirge im allgemeinen der Pikotage bieten, unterlassen. Sie begnügte sich, die Zwischenräume mit Cementbrei auszufüllen.

Längsschnitt des Tübbingausbaus, des Keilkranzes und des Mauerwerks.

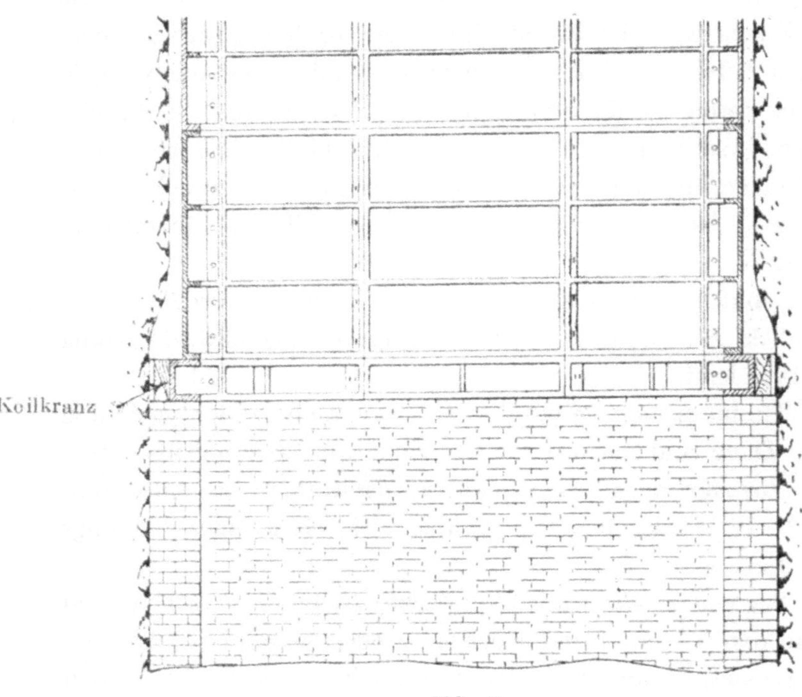

Abb. 6.

Detail eines Tübbing-Segmentes.

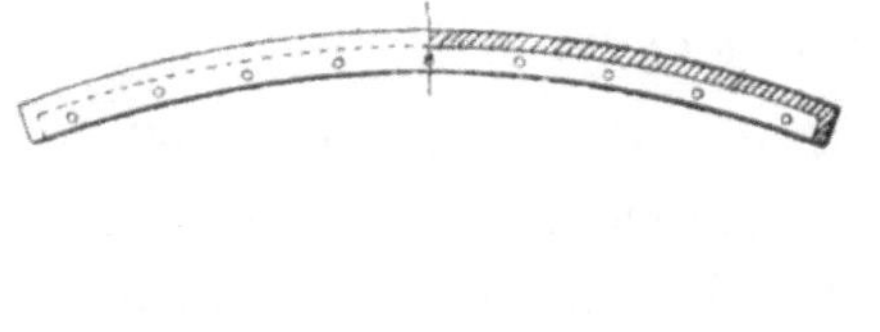

Detail eines Keilkranz-Segmentes.

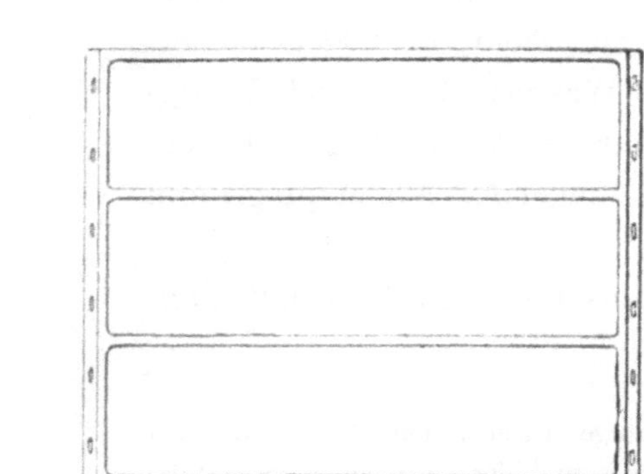

Fig. 7.

Fig. 8.

Moos
Holzbelag
Flach- und Spitzkeile
Detail der Pikotage.

Abb. 9.

Querschnitt
der
Keilkranz | Tübbings-
Verlagerung.

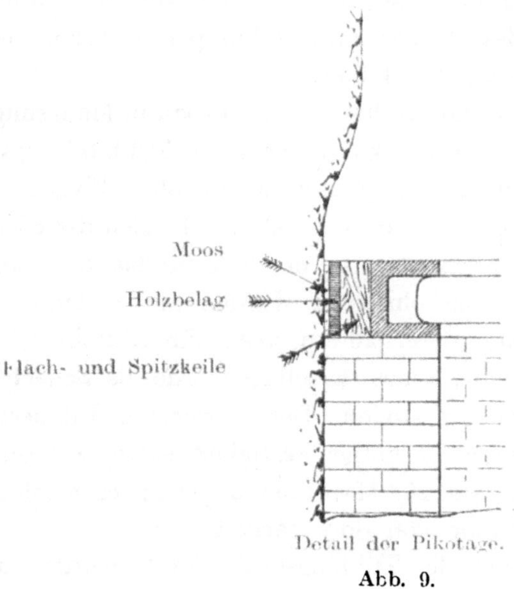

Fig. 10.

b) Abteufen des Schachtes mit Tübbingsauskleidung von 50 bis 120 m unter der Voraussetzung, daß das Abteufen von Hand erfolgen könne, d. h., wenn die Wasserzuflüsse 200 Liter pro Minute nicht übersteigen und das Wasser mittels Pumpen während des Abteufens ausgeschöpft werden könne.

c) Weiterabteufen von 120 bis 600 m mit Ausbau in Mauerung.

a) A b t e u f e n i m F r o s t k ö r p e r m i t T ü b b i n g s - a u s b a u : Das Poetsch'sche Verfahren wurde ohne Zwischenfall in der musterhaftesten Form durchgeführt. Obgleich die Kiesschicht nur bis 29,60 m reichte, wurde der Schacht bis 75 m abgefroren. Die ersten Gefrierbohrlöcher wurden am 1. Oktober 1907 begonnen. Es wurden deren 26 auf einem Kreisdurchmesser von 7,50 m niedergebracht; eines derselben wurde als Schachtvorbohrung bis 200 m Tiefe gestoßen. Der Gefrierprozeß dauerte 10 Wochen bis das Gebirge die nötige Festigkeit hatte, während das eigentliche Abteufen am 20. Mai 1908 begann; es erfolgte von Hand unter Anwendung von Sprengarbeit.

Der Keilkranz, welcher die Tübbingssäule trägt, wurde auf 61,70 m verlegt. Die Cuvelage ist aus Gußeisen und die unteren Ringe haben eine Wandstärke von 35 mm. Der Gefrierprozeß wurde am 7. August 1908 eingestellt.

b) A b t e u f e n u n t e r h a l b d e s F r o s t k ö r p e r s m i t T ü b b i n g s a u s b a u : Die Weitervertiefung erfolgte — wie vertraglich festgesetzt— bei trockener Sohle. Die Wasserzuflüsse waren unbedeutend.[1]

Zum Bohren der Sprenglöcher verwendete man Preßluft-Bohrhämmer.

Die Tübbings wurden satzweise eingebaut; am Fuße eines jeden Satzes ist ein Keilkranz verlegt; solche befinden sich auf 86 m, 107 m und 121 m Tiefe.

Die Hohlräume zwischen den Tübbings und dem Gebirge wurden mit einem Cementbrei im Verhältnis 1 zu 7 ausgegossen, um einen völlig wasserdichten Abschluß zu erzielen.

c) A b t e u f e n m i t M a u e r u n g : Die Deutsche Schachtbau-Gesellschaft hat gemäß ihrem Vertrag den Schacht nur bis zur Tiefe von 600 m niedergebracht und ihre Arbeiten in den ersten Tagen des Monats Juli 1909 beendet.

---

1. Bei 83 m Tiefe wurde ein Wasserzufluß von 4—5 Minutenliter festgestellt.

Die Gewerkschaft setzte daraufhin das Abteufen des Schachtes in eigener bis 664 m Regie fort, welche Tiefe am 10. September 1909 erreicht wurde.

Bei 348 m wurde das Steinsalz und bei 627 m das obere Kalilager mit 1.30 m Mächtigkeit erschlossen, dem bei 649 m das untere Kalilager mit 5,60 m Mächtigkeit folgte.

Ein Wasserzufluß von circa 30 Minutenliter trat kurz unterhalb der Tiefe von 200 m ein. Damals glaubte man fest an die völlige Wasserundurchlässigkeit der Ton- und der unteren Sandsteinschichten. Man schob deshalb das Auftreten des Wasserzuflusses einer mangelhaften Verdichtung der bis 200 m niedergebrachten Schachtvorbohrung zu ; später beim Abteufen anderer Schächte zeigten sich aber dieseslben Wasserzuflüsse ; so wurde z. B. im Schachte Alex ein Wasserzufluß festgestellt, der sogar 100 Liter pro Minute erreichte. Die Zuflüsse entspringen den zwischengelagerten Sandsteinbänken.[1]

Vom Fuße des Tübbingsausbaues von 121 m bis zum Schachtsumpf ist der Schacht mit Backsteinen unter Verwendung eines Mörtels im Verhältnis von 1 zu 4 in einer Wandstärke von 50 cm ausgemauert.

Das Abteufen und der Mauerausbau erfolgte gleichzeitig in Absätzen von etwa 50 m Höhe ; eine Schwebebühne schützte die auf der Sohle beschäftigten Arbeiter, während zwei über Tage aufgestellte Fördermaschinen beide Arbeitsstellen mittels an Drahtseilen geführte Förder- oder Mauerkübel bedienten.

Die Zahl der auf der Sohle beschäftigten Arbeiter betrug im Durchschnitt 15—16 Mann pro Schicht.[2]

Dauer der Arbeiten.

Die Deutsche Schachtbau-Gesellschaft hatte sich am 7. Juni 1907 vertraglich verpflichtet, den Schacht in 27 Monaten niederzubringen, unter der Voraussetzung, daß das Abteufen mittels

---

1. Infolge des starken Wasserzuflusses im Schacht Alex wurde zu dessen Abdichtung ein Tübbingsschacht mit Keilkranz von entsprechendem Durchmesser eingebaut. Andere Gewerkschaften beabsichtigen sogar zur größeren Sicherheit ihre Schächte von der Oberfläche bis auf 300 m Tiefe mit Tübbings auszubauen.

2. Alle Mitteilungen betreffend das Abteufen der Schächte verdanken wir der Freundlichkeit des Herrn Fernand Vogt.

Gefrierverfahrens auf 50 m Tiefe beendet wird und daß besondere
Vorkehrungen zur Beseitigung der Wasserzuflüsse nicht getroffen
zu werden brauchen.

Aus den oben angegebenen Daten geht hervor, daß die vorgesehene Frist bei weitem nicht benötigt worden ist. Obgleich das
Gefrierverfahren bis 75 m ausgedehnt und der Schacht bis 664
abgeteuft wurde, war derselbe schon so frühzeitig fertig ausgebaut und eingerichtet, daß die ersten Wagen Kali bereits im
Januar 1910 versandt werden konnten.

Kosten des Abteufens.

Die Kosten für das Abteufen des Schachtes beliefen sich laut
Vertrag auf 1 250 000 $\mathcal{M}$. Hierzu kommen noch die Mehrkosten
für das Gefrieren von 50 bis 75 m und für das Abteufen von 600
bis 664 m, die Kosten für die Einrichtung des Schachtes usw.,
sodaß die Gesamtausgaben in der Bilanz vom 31. Dezember 1909
unter dem Konto „Schachtanlage" mit 2 007 615 $\mathcal{M}$.[1] figurieren.

Anwendbarkeit anderer Abteufverfahren. (Fig. 11 und 12).

In Anbetracht der geringen Schwierigkeiten, die sich beim
Abteufen des Schachtes Amélie ergeben hatten, wurden für das
Niederbringen der weiteren Schächte billigere Verfahren in Er-
wägung gezogen.

Die gegenwärtige und durch Erfahrung inzwischen bestätigte
Ansicht ist, daß die Anwendung des Gefrierverfahrens im nördlichen Kaligebiet infolge der daselbst vorhandenen bedeutend
mächtigeren Kiesschichten unbedingt erforderlich ist. So wird in
Ensisheim der Schacht I bis 100 m und Schacht II bis 125 m nach
dem Gefrierverfahren abgeteuft.

Dagegen können im Osten und Südosten des Beckens und im
allgemeinen überall, wo die wasserführenden Schichten 40 m
Tiefe nicht übersteigen, auch andere Abteufmethoden mit Erfolg
angewandt werden.

S c h a c h t   M a x wurde nach dem Senkverfahren abgeteuft.

---

1. Die Betriebsgebäude und Maschinen sind in dieser Summe nicht enthalten;
sie figurieren vielmehr in den Conti „Betriebsgebäude" mit 323 809 $\mathcal{M}$ und
„Maschinen- und Dampfkessel" mit 291 316 $\mathcal{M}$.

Abteufen nach dem Senkverfahren.

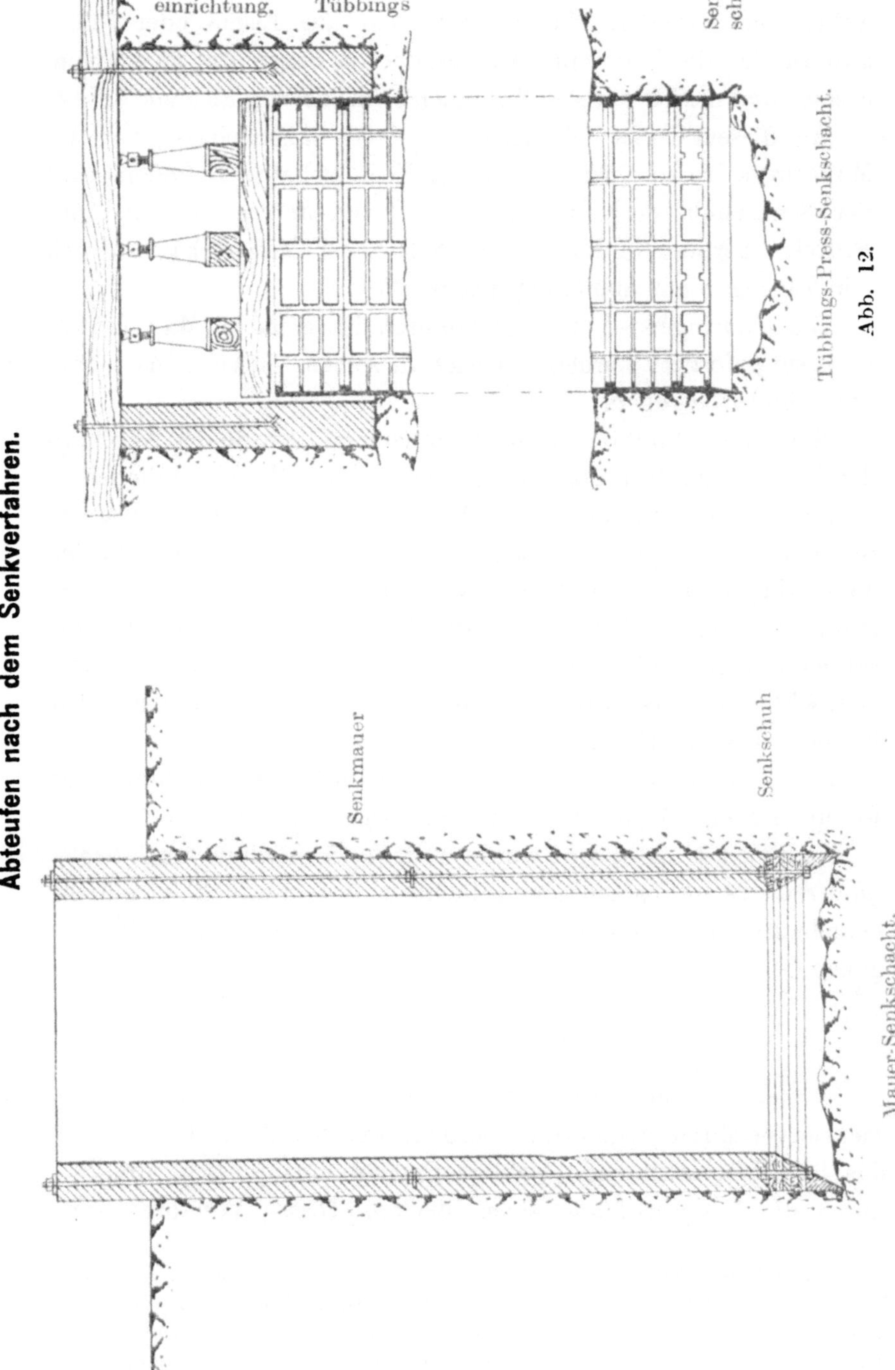

4

Hierbei verwendet man Senkmauern, die auf einem Senkschuh aufgemauert werden. Letzterer besteht aus Eisen- oder Stahlguß und hat die Form eines Ringes, der aus Segmenten zusammengesetzt und dessen unterer Teil innen schneideartig abgeschrägt ist.

Auf diesem Senkschuh, der auf der Sohle aufgestellt ist, wird das Mauerwerk bis zu einer gewissen Höhe aufgebaut. Nachdem wird der Senkschuh im Kreisinnern von Hand untergraben und das Erdreich herausgefördert, wodurch sich der Mauerschacht durch sein Eigengewicht allmählich nachsenkt.[1]

Die eindringenden Wasser konnten im Schacht Max mittels Pumpen gefördert werden, obgleich dieselben zeitweise bis 1 cbm pro Minute betrugen.

Nach dem Durchteufen des losen Gebirges wurde der Abschluß der Wasser durch Einbau von gußeisernen Tübbings gesichert.

S c h a c h t R u d o l f : In diesem Schacht wurde das wasserführende Gebirge durch einen gußeisernen Preß-Senkschacht bis 38 m durchteuft. Bei diesem Verfahren werden die den Senkzylinder bildenden Tübbings über Tage auf dem Senkschuh zusammengesetzt und nachdem mittels hydraulischer Pressen niedergedrückt. Zum Herausfördern des Gebirges bediente man sich hierbei eines Greifbaggers.

Der Tübbingsausbau wurde bis 64 m fortgesetzt, während der untere Schachtteil mit Betonsteinen ausgemauert ist.

S c h a c h t A l e x : wurde mittels Senkschuh und Senkmauer bis 24 m abgesenkt und die auf eine Gesamthöhe von 62 m eingebauten Tübbings mit einem Cementbrei unter Druck hintergoßen.

Cementierverfahren.

In keinem der vorerwähnten Fälle ist das sogenannte Cementierverfahren angewandt worden, welches darin besteht, in das lose, wasserführende Gebirge Cement einzupressen, um dadurch die Wasserzuflüsse abzuschließen. Dieses Verfahren ver-

---

[1]. Für Tiefen über 40 m ist dieses Verfahren nicht gut geeignet, da die großen Reibungen das Sinken der Senkmauer trotz des enormen Eigengewichts derselben außerordentlich hemmen. Beim Absenken von über 30 m Tiefe empfiehlt es sich deshalb, um die Senkmauer eine Blechverkleidung anzulegen, um dadurch die Reibungen zu vermindern.

dient aber gleichwohl erwähnt zu werden, da dessen Anwendung infolge seiner zahlreichen Vervollkommnungen dennoch eines Tages in unserem Kaligebiet von Interesse sein dürfte.

Das Cementierverfahren besitzt in der Tat den großen Vorteil, daß es die Festigkeit der Schachtmauerung und der Cuvelage erhöht, indem es einerseits dem Mörtel ein besseres Abbinden gestattet und andererseits, indem es um den Schacht herum einen großen Block kompakten Gebirges bildet. Auf diese Weise vermeidet es beinahe völlig kostspielige Reparatur- oder Ersatzarbeiten an dem Schachtausbau und erfordert außerdem nur geringe Einrichtungs- und Materialkosten.[1]

Das Cementierverfahren eignet sich besonders in den von Spalten stark durchzogenen Kreide- und Mergelschichten im Norden Frankreichs.[2]

Es ist mit Erfolg auf der Grube Victoria in Westfalen angewandt worden; ebenso in Bory in österreichisch Galizien zum Durchteufen des Dolomits, welcher Spalten von 10—12 cm Breite mit Wasserzuflüssen von 5000 Litern pro Minute aufwies. Es genügt übrigens, wenn die Wasserzuflüsse durch das Einpressen des Cements nur soviel zurückgedrängt werden, um deren Ausschöpfen zu ermöglichen.[3]

Die Erfolge in den Sand- und Kiesschichten sind jedoch noch zu ungewiß, um sich darüber mit Sicherheit aussprechen zu können, da das Fortschwemmen des Cements in dem lockeren Gebirge, bevor er sich genügend abbinden kann, stets zu befürchten ist.[4]

---

1. Lombois, Bulletin de la Société de l'Industrie Minérale, 4. Heft 1908.

2. Bei der Ausführung von Cementierschächten spielt die Fähigkeit und Erfahrung des Betriebsleiters zweifellos eine große Rolle. Die Société des Mines de Lens (P.-de-C.) cementiert momentan ihre Schächte in Absätzen von ungefähr 50 m vermittels Bohrlöcher von nur geringem Durchmesser. Beim letzten Schacht beliefen sich die Kosten für das Cementieren nur auf ca. 225 Frs. pro lfd. Meter, während bei früheren Schächten die Kosten 1000 Frs. für das Gefrieren und 650 Frs. für das Cementieren pro Meter betrugen.

3. Die „Sachsen-Weimar Kaliwerke" haben das Cementierverfahren zum Durchteufen von außerordentlich stark wasserführenden Schichten bei 530—550 m Tiefe angewandt.

4. Die Versuche des „Steinkohlenbergwerks La Houve", einen sehr klüftigen und porösen Vogesensandstein, durch den ein Wasserzufluß von 3000—6000 Liter pro Minute eindrang, mit Cement zu verdichten, blieben erfolglos. Durch 30 Bohrlöcher wurden 600 Tonnen Cement auf eine Tiefe von 180 m eingepreßt; die

Die Erfahrung hat bewiesen, daß man in Kiesschichten ohne Beimengung von feinem Sande einen vollkommenen Beton durch sorgfältiges Einpressen eines mehr oder weniger dicken Cementbreis erhält. Herr Lombois, Chef-Ingenieur der Mines de Béthune, führt im 4. Heft, Jahrgang 1908 des Bulletin de l'Industrie Minérale aus, daß der Cementbrei durch die filtrierende Wirkung des Sandes oft in verunreinigtes Wasser und in mehr oder weniger feste Bestandteile zerlegt wird, welch letztere sich an den Wänden oder auf der Sohle der Bohrlöcher absetzen.

Durch Anwendung eines patentierten Verfahrens der Compagnie des Mines de Béthune kann diesem Nachteil dadurch abgeholfen werden, daß um jedes Bohrloch durch Einpressen einer unter Wasser leicht abbindenden Mischung von Sand und Cement eine dicke Betonschicht gebildet wird.[1]

Einrichtung des Schachtes Amélie I.

Der Schacht Amélie I (Tafel IX) ist in zwei Förder-, ein Wetter- und ein Fahrtrum eingeteilt.[2]

Jedes der beiden Fördertrume bildet mit seinen beiden Förderkörben und der Fördermaschine ein unabhängiges Ganze, welches für die vorgesehene Förderung reichlich bemessen ist.

Die doppelte Förderanlage hat einzig den Zweck, bei vorkommenden Störungen in einem der Abteile einen Stillstand in der Förderung zu vermeiden, da beide Fördertrume nie gleichzeitig in Betrieb sind. Diese Einrichtung scheint in den Kohlenbergwerken Westfalens in Rücksicht auf die intensiven Arbeitsleistungen daselbst sehr beliebt zu sein. Ob sich aber die bedeutende Ausgabe für die Errichtung der zweiten Förderung für die hiesigen Verhältnisse rentiert, muß erst die Erfahrung zeigen ; jedenfalls scheint

---

ersten 30 m konnten beinahe völlig trocken abgeteuft werden, von dieser Tiefe jedoch ab wurde in den Klüften keine Spur von Cement mehr angetroffen. (Diese Mitteilung verdanken wir der Liebenswürdigkeit des Herrn Uhry, Generaldirektor des Steinkohlenbergwerkes „La Houve" in Lothringen.)

1. Es gibt noch ein anderes Verfahren, das der Herren Lemaire & Dumont, welches darin besteht, Gebirge durch Einpressen von aufgelöster Kieselerde zu befestigen. In den Bergwerken von Lens ist es gelungen, Sandschichten durch Einspritzen von Chlorkalcium und Natronsilikat abzudichten.

2. Das Wettertrum ist an seinem oberen Ende verschlossen und mit dem Ventilator durch eine besondere Leitung verbunden.

diese Anordnung in den projektierten neuen Schächten nicht getroffen zu werden. Einerseits kann bei einem Unfall in einem der Förderabteile auch das andere sehr leicht betriebsunfähig werden, während andererseits der gesetzlich vorgeschriebene zweite Schacht als Reserveförderanlage so wie so genügend Sicherheit bietet.

Zur besseren Regelung der Bewetterung in der Grube Amélie ist eine der beiden Förderabteilungen und zwar die durch die Dampfmaschine bediente außer Betrieb gesetzt worden. Die Förderkörbe wurden zu diesem Zwecke ausgehängt und der Eingang des betr. Fördertrumes hermetisch vermauert.

Die Wiederherrichtung dieses Abteils zur Förderung würde somit mindestens ebensoviel Zeit beanspruchen als die Reparatur eines selbst bedeutenden Defekts an der gewöhnlich in Betrieb befindlichen elektrischen Fördermaschine.

Die Förderkörbe besitzen zwei Etagen, deren jede zwei zusammengestossene Förderwagen aufnehmen kann. Zur Führung der Förderkörbe sind im Schachte auf seine ganze Länge Spurlatten aus Pitchpineholz eingebaut, an welchen die Förderkörbe, die zudem mit Fangvorrichtungen versehen sind, auf- und abgleiten. Die Einstriche sowie die ganze Schachtzimmerung bestehen aus Holz.

Das Füllort ist im unteren Kalilager hergerichtet.

Additional material from *Die Kalibergwerke im Oberelsaß,*
ISBN 978-3-662-33673-1 (978-3-662-33673-1_OSFO5),
is available at http://extras.springer.com

VI.

Ausbeutung.

Das Kalilager ist zugleich in nördlicher und südlicher Richtung in Angriff genommen worden[1]; beide Lager werden zusammen abgebaut. Die aus dem oberen Lager gewonnenen Salze werden durch einen saigeren Bremsschacht zur Fördersohle gebracht. Die Förderung in diesem Bremsschacht beruht auf dem Prinzip der Schwere, d. h. der niedergehende beladene Förderkorb zieht durch sein Übergewicht den von der unteren Sohle kommenden leeren hinauf.

Um Senkungen durch Abbau des unteren Hauptlagers zu vermeiden, die den Abbau des oberen Lagers sehr erschweren oder überhaupt unmöglich machen würden, werden die Arbeiten in dem letzteren stets mit einem gewissen Vorsprung betrieben. In beiden Lagern erfolgt der Abbau in Strecken, die durch Sicherheitspfeiler voneinander getrennt sind (Tafel X).

Über und vor der zum Füllort führenden Grundstrecke wird eine Abbausohle A angelegt, die dem Streichen der Lagerstätte unter Einhaltung einer möglichst ebenen Linie folgt.[2]

Unter Berücksichtigung der hierbei erlangten Aufschlüsse wird so gerade als immer möglich und unter Vermeidung von Kurven die Hauptsohle B nachgeführt, die gleichzeitig als Hauptförderstrecke dient. Alle 50 m werden die beiden Strecken durch Querschläge miteinander verbunden.

---

1. Das Kalilager zeigt in seiner nördlichen Richtung eine Neigung von ungefähr 8° bei einer fast völligen Regelmäßigkeit. Gegen Süden ist der Einfallwinkel stärker, er erreicht daselbst 15—16°, ausnahmsweise sogar 20°; auch ist das Lager hier weniger regelmäßig und weist außerdem einige kleine Verstärkungen und Aufwerfungen auf.

2. Zur Erleichterung des Transportes der Förderwagen haben in Wirklichkeit sämtliche ebenen Förderstrecken ein Gefälle von 1 mm pro laufendes Meter gegen die Schachtseite.

Die Abbauörter, welche den eigentlichen Abbau bilden, haben ihren Ausgangspunkt auf der ersten Strecke A. Dieselben haben eine Breite von 10 m, zwischen denen die üblichen Sicherheitspfeiler von 6 m Breite stehen gelassen werden. Die durchschnittliche Länge dieser Abbauörter beträgt 130 m bei einer Neigung von 8°; sie stoßen auf eine höher gelegene Strecke, von der aus später neue Abbaue getrieben werden.

Die gewonnenen Kalisalze werden entweder mittels Förderwagen auf Bremsbergen oder auf Schüttelrutschen je nach der Steigung der Lagerstätte an den Ausgangspunkt der Abbaue und von da durch die Querschläge C zur Hauptförderstrecke befördert.

Um den Schacht herum läßt man einen Sicherheitspfeiler auf einem Umkreis von etwa 100 m stehen.

Gewinnung.

Die Gewinnung der Kalisalze erfolgt durch Sprengarbeit; die hierfür erforderlichen Sprenglöcher werden mit Bohrmaschinen hergestellt. Die Einbruchsprenglöcher werden mit Dynamit, die übrigen mit Sprengsalpeter besetzt.[1]

Zur Entzündung der Sprengladungen wird Zündschnur verwendet. Die elektrische Zündung ist wegen der Gefahr, welche durch das gleichzeitige Eintreten der Explosionen entsteht, untersagt.

Die zur Zeit verwendeten Bohrmaschinen (System Siemens-Schuckert) werden elektrisch betrieben. Der Strom wird mit einer Spannung von 5000 Volt zur Sohle geführt und durch einen in der Wand der Hauptstrecke verlegten Transformator auf 110 Volt reduziert. Von da aus wird der Strom bis zu den jeweiligen Arbeitsstellen weitergeleitet.

An Stelle der elektrischen Bohrmaschinen sind neuerdings versuchsweise solche mit Preßluftbetrieb verwendet worden, die bisher günstige Resultate ergeben haben. Ein besonderer Vorteil dieser Betriebsart besteht in der guten Abkühlung und Erneuerung der Wetter durch die verbrauchte Preßluft.

Die normale Arbeitsdauer einer Schicht beträgt 8 Stunden;

---

1. Zum Hereinschießen einer Streckenwand rechnet man etwa 20 Sprenglöcher; der Einbruch wird in der Regel an den inneren Stoß je nach dem Einfallen verlegt.

die Arbeiten sind in 2 Schichten pro 24 Stunden eingeteilt. Wenn jedoch die Temperatur an den Abbauörtern 30° C. übersteigt, so darf die Arbeitszeit nicht mehr als 6 Stunden dauern ; in diesen Fällen werden die Arbeiten in 3 Schichten eingeteilt.

Die Durchschnittsleistung in einer Abbaustrecke schwankt zwischen 3 und 5 Meter pro Tag.

Bewetterung.

Die Tiefe des Abbaues und die Beschaffenheit der Schichten selbst erfordern eine besondere und intensive Bewetterung. Die mehr oder weniger bituminösen Schichten, die sowohl im Hangenden als auch in den Lagern selbst angetroffen werden, erwärmen sich durch Oxydation bei Berührung mit Luft und steuern so zur Erhöhung der Temperatur bei.

Die frische Luft tritt durch das freie Trum des Förderschachtes in die Hauptstrecke. Nachdem sie die verschiedenen Strecken des unteren Lagers durchquert hat, gelangt sie durch einen inneren Wetterschacht in die Strecken des oberen Lagers[1] und von da in das Wettertrum, von wo sie mittels Ventilator zu Tage gezogen wird.

Die primitive Einrichtung dieses Wettertrums im Schacht I wurde bald als ungenügend erkannt. Um diesem Übelstande abzuhelfen, ist, ohne die Fertigstellung des zweiten Schachtes abzuwarten, eines der Fördertrume zur Bewetterung provisorisch herangezogen worden, nachdem man dasselbe vorher völlig luftdicht abgeschlossen hatte.[2]

Durch Rohre aus verzinktem Blech, Wetterlutten, in welchen in gewissen Abständen tragbare elektrische Ventilatoren eingeschaltet sind, wird frische Luft bis zu den Eintrittstellen der Abbauörter geleitet. Trotzdem hält sich aber die Temperatur daselbst oft auf annähernd 35°, obgleich dieselbe beim Füllort 20° nicht übersteigt.

---

1. Die Bewetterung des oberen Lagers wird in der Folge durch Anlegung einer direkten Luftzufuhr aus dem Hauptwetterschacht bedeutend verbessert werden.

2. Siehe Seite 53 „Einrichtung des Schachtes Amélie I“.

Ausbau.

Weder die Förderstrecken noch die Abbauorte selbst werden ausgebaut.

Um die Mergelschichten im Hangenden, die beim Zudrang von Luft sehr leicht verwittern, zu schützen und deren zu schnelles Hereinbrechen zu vermeiden, werden nur die untern Partieen des Lagers abgebaut, während der obere Teil am Hangenden in einer Stärke von etwa 50 cm stehen bleibt.

Es entsteht dadurch kein direkter Verlust, da die Salze dieses oberen stehen gelassenen Teiles infolge ihres Chlormagnesiumgehalts sowieso nicht mit den übrigen Kalisalzen vermengt werden dürfen.[1]

Personal, Löhne, Rentabilität.

Zur Zeit beschäftigt die Gewerkschaft Amélie etwa 160 Arbeiter unter Tage und etwas über 200 Mann in den Tagesanlagen. Der Durchschnittslohn der eigentlichen Bergarbeiter betrug im Jahre 1910 nahezu 4,55 ℳ., während sich derjenige für die über Tage beschäftigten Leute ungefähr 1 ℳ. niedriger stellte. Der Gesamtdurchschnittstagelohn überstieg 4 ℳ.[2]

Bei normalem Betriebe beträgt die tägliche Förderung an Kalisalzen circa 400 Tonnen; dieselbe sinkt auf etwa 150 Tonnen in der stillen Geschäftszeit, welche hauptsächlich zu Vorrichtungsarbeiten in den Förderstrecken benutzt wird. In der Hochsaison dagegen, d. h. in den Monaten September, Oktober und Februar, März übersteigt sie 800 Tonnen, ohne daß dadurch die Arbeiterzahl beträchtlich erhöht wird.

Die Leichtigkeit des Abbaus, das spezifische Gewicht der Salze, sowie der hohe Tonnengehalt pro Quadratmeter Abbau in dem mächtigen unteren Lager ergeben bei Zugrundelegung der Gesamtjahresförderung eine Tagesdurchschnittsleistung von 1½ Tonnen pro unter und über Tage beschäftigter Arbeiter.

---

1. Es wird jedoch beabsichtigt, diesen oberen Teil des Lagers später für sich allein abzubauen.

2. Diese Zahlen haben als Basis bei der Festsetzung der Mindestlöhne, welche durch das Berggesetz vorgeschrieben sind, gedient. Die im Jahre 1911 bezahlten Löhne sind im allgemeinen höher als die vorhergehenden.

Nach den von der französischen Bergbauverwaltung veröffentlichten statistischen Zahlen betrug im Kohlenrevier von Pas-de-Calais die Durchschnittsförderung im Jahre 1910 nur 754 kg, während sie selbst in den besten Gruben unter 900 kg blieb.

Von Interesse dürfte es sein, gleichzeitig zu erwähnen, daß für das Jahr 1910 der mittlere Verkaufspreis der Kohle 16,05 Frs. pro Tonne betrug.[1] Dieser Preis bleibt weit hinter dem des Kali zurück, obgleich der Selbstkostenpreis der Kohle bedeutend höher als der des Kali ist, da auf den ersteren allein 0,70 Frs. bis 0,90 Frs. für Streckenzimmerung und Gesteinsarbeiten entfallen.

---

1. Von der Bergbauverwaltung veröffentlichte Angaben.

Additional material from *Die Kalibergwerke im Oberelsaß,*
ISBN 978-3-662-33673-1 (978-3-662-33673-1_OSFO6),
is available at http://extras.springer.com

VII.

Mechanische und elektrische Einrichtungen.

Fördermaschine.

Die beiden Förderkörbe fassen je vier Wagen in zwei Etagen und hängen an beiden Enden des Seiles, welches über die im Schachtgerüst gelagerten Seilscheiben zum Maschinenhaus hinunter und dort um die Treibscheibe der Fördermaschine geführt wird. Die Körbe halten sich somit gegenseitig das Gleichgewicht, und dem durch die Nutzlast bedingten Gewichtsunterschied steht einzig die Reibung zwischen Seil und Treibscheibe entgegen. In der Endstellung jedoch, d. h. wenn ein Korb an der Hängebank, der andere unten im Schacht angelangt ist, würde das bedeutende Eigengewicht des Seiles ein Gleiten desselben auf der Treibscheibe verursachen, wenn nicht dieses Seilgewicht durch ein zweites Seil, dem sogenannten Unterhängseil, ausgeglichen wäre. Dieses Seil ist unten an den Körben befestigt und hängt frei im Schacht herunter; es hat somit nur sein eigenes Gewicht zu tragen (Tafel XI). Hierdurch wird einerseits jedes durch das Seilgewicht hervorgebrachte Gleiten auf der Treibscheibe vermieden, und anderseits die Reibung zwischen Förderseil und Treibscheibe vergrößert, zu welchem Zweck letztere außerdem mit einer Holzverkleidung versehen ist. Trotzdem also keine feste Verankerung des Seiles auf der Scheibe besteht, ist es doch möglich, alle Kontrolleinrichtungen für die Bewegung und augenblickliche Lage der Körbe an der Fördermaschine selbst anzubringen und durch diese zu betreiben.

Die Fördermaschine besteht aus der Treibscheibe, Koepescheibe genannt, und dem auf der gleichen Welle sitzenden Elektromotor. Der Kranz der Koepescheibe ist als Bremsscheibe ausgebildet, auf welcher eine doppelte, kräftige, mit Druckluft betriebene Backenbremse einwirkt.

Der Gleichstrommotor beruht auf dem für solche Betriebe sehr verbreiteten System Ward-Leonard, nach welchem der Anker des Motors in Reihe mit demjenigen eines Gleichstromgenerators, der Anlaßdynamo, geschaltet ist, deren Erregung je nach dem Drehungssinn und der gewünschten Geschwindigkeit der Fördermaschine eingestellt wird, während der Motor selbst beständig erregt bleibt. Die vollständige Steuerung der Fördermaschine wird demnach sehr vereinfacht; es genügt hierzu die Regulierung eines verhältnismäßig geringen Stromes mit Hülfe eines im Vergleich zur Leistung der Maschine sehr kleinen Widerstandes. Jeder Stellung des Steuerhebels entspricht infolgedessen eine bestimmte, unveränderliche und von der gehobenen oder eingehängten Last praktisch unabhängige Geschwindigkeit des Motors und somit auch der beiden Körbe. Auf diese Weise kann die Geschwindigkeit in beliebigen Abstufungen zwischen dem Stillstand und ihrem Höchstwert von 10 Meter in der Sekunde eingestellt werden. Neben der sehr kräftigen Druckluftbremse besteht noch die Möglichkeit der elektrischen Bremsung, indem der Anker des vollerregten Motors über dem Anker der nicht erregten Anlaßdynamo kurzgeschlossen wird.

Die Umkehrung der Drehrichtung erfolgt ebenfalls durch den Steuerhebel dadurch, daß der Erregerstrom umgekehrt wird.

Der Maschinenführer hat also nur zwei Hebel zu bedienen, und zwar den einen für die Steuerung der Maschine, den andern für die Betätigung der Ventile der Druckluftbremse; er kann somit seine ganze Aufmerksamkeit dem Teufenzeiger und den Signalen widmen, die ihm durch Glockenschläge oder lautsprechendes Telephon übermittelt werden.

Ein selbstschreibender Geschwindigkeitsanzeiger System Karlik zeichnet auf einer durch Uhrwerk angetriebenen Trommel die augenblickliche Geschwindigkeit der Körbe auf.

Mit der Fördermaschine ist eine unrunde Scheibe derart starr verbunden, daß sie vor jedem Ende der Fahrt den Steuerhebel zwangläufig in die Nullage zurückbringt und, falls die Körbe dennoch über die Endlage hinausfahren sollten, das Einfallen der Sicherheitsbremse bewirkt. Eine weitere Vorrichtung sorgt für das selbsttätige Einfallen der Bremsen bei Ausbleiben des Stromes oder beim Versagen der elektrischen Sicherheitsvorrichtungen.

Die Anlaßdynamo der Umformergruppe wird von einem Drehstrommotor angetrieben, der direkt aus dem 5000 Volt-Netz gespeist wird. Ohne besondere Vorkehrungen würde aber dieser Motor je nach dem Betrieb und dem augenblicklichen Kraftverbrauch der Fördermaschine starke Stromschwankungen im Netz hervorrufen, was für den übrigen Betrieb unangenehm empfunden werden könnte. Bei regelmäßiger Förderung kann diesem Nachteil durch Anwendung eines besonders schweren, auf der gemeinschaftlichen Welle der Umformergruppe montierten Schwungrades, oder aber durch eine Akkumulatorenbatterie, vorgebeugt werden; dieses letztere Hülfsmittel ist im vorliegenden Falle angewendet worden.

Zu diesem Zwecke befindet sich zwischen dem Motor und der Anlaßdynamo eine weitere Gleichstrommaschine, welche mit einer Batterie von 500 Volt in Verbindung steht, und sowohl mit Haupt- als mit Nebenschlußerregung versehen ist. Erstere Wicklung wird vom Strom des Fördermotors durchflossen und arbeitet der Nebenschlußwicklung entgegen.

Wenn nun die Fördermaschine still steht, so wird der Anlaßdynamo auch kein Strom entnommen und die Batterie-Dynamo ist demnach voll erregt; sie ladet also die Batterie und entnimmt dabei ihre Kraft durch den Drehstrommotor aus dem Netz. Wird hierauf die Anlaßdynamo erregt, so setzt sich der Fördermotor in Bewegung, gleichzeitig aber wird durch dessen Strom die Erregung der Batterie-Dynamo soweit geschwächt, bis diese aus der Batterie Strom entnehmend als Motor arbeitet und hierdurch den Drehstrommotor unterstützt. Während der Förderpausen wird also Energie aufgespeichert und diese nachträglich wieder verwertet. Auf diese Weise ist es möglich, die Leistung des Drehstrommotors annähernd gleichmäßig zu halten; weiter besteht der wichtige Vorteil, daß man, selbst bei Ausbleiben des Drehstromes, die Förderung noch eine Zeit lang mit Hülfe des Batteriestromes allein fortsetzen kann.

Das Schaltungsschema auf Tafel XII zeigt diese Anordnung. Es sind jedoch sowohl hier wie in der vorhergehenden Beschreibung alle Nebeneinrichtungen weggelassen worden, welche zwar für das einwandfreie Arbeiten der ganzen Anlage erforderlich sind, deren

Erörterung aber zu weit geführt und das an sich bemerkenswerte Prinzip verdeckt hätte.

Salzmühle.

Sowohl zur Verwendung für die Landwirtschaft als auch zur Herstellung von Chlorkalium muß das in groben Stücken zutage geförderte Salz fein zermahlen werden. Bei der Anordnung der hierzu erforderlichen Salzmühle war man einerseits bestrebt, durch äußerst kräftige Bauart die Betriebssicherheit der einzelnen, schwer belasteten Zerkleinerungsmaschinen zu erhöhen und andererseits diese Zerkleinerungsmaschinen, zwecks Vereinfachung des Mühlenbetriebes, Ermäßigung der Unterhaltungskosten und Verringerung des Raumbedarfs, so weit als angängig übereinander mit selbsttätiger Speisung anzuordnen.

Die beladenen Förderwagen gelangen von der Hängebank zu zwei mechanisch angetriebenen Kreiselwippern (1). Das Hartsalz fällt auf Bryart'sche Roste (2), welche das kleinere Geröll von dem groben Gestein trennen; letzteres wird in zwei Salzbrechern (3) auf Faustgröße zerkleinert und gelangt nun, gemeinsam mit dem kleineren Geröll, über Förderrinnen, welche nötigenfalls das Kutten des Salzes gestatten, zu den vier Glockenmühlen (5). Die Arbeitsweise der letzteren vollzieht sich dergestalt, daß das Mahlgut zwischen zwei kaffeemühlenartig angeordneten Kegeln zerrieben wird, wobei die Mahlfeinheit sich dadurch einstellen läßt, daß der auf der Welle sitzende Kegel nach oben oder unten verschoben wird; um zufälligen Überlastungen und Brüchen so weit als möglich vorzubeugen, sind diese Glockenmühlen mit mechanisch angetriebenen Zufuhrregulatoren (4) versehen.

Aus den Glockenmühlen gelangt das Mahlgut zu den Feinmahlmaschinen, welche zwei verschiedene Systeme umfassen, einerseits die Schlagstiftmühlen (6) und andererseits die für feines Mahlerzeugnis sehr beliebten Walzenmühlen (7); eine jede der letzteren ist mit zwei geriffelten Hartgußwalzen versehen, welche schräg zueinander in gußeisernem Gehäuse gelagert sind und mit verschiedener Geschwindigkeit umlaufen.

Das erzeugte Feinmahlgut wird entweder der Chlorkaliumfabrik zugeführt, oder gelangt, mittelst Elevators mit Transportschnecke, teils in den Hauptspeicher, teils in den Verladeraum, in welchem das Salz in Säcken gefüllt und verladen wird.

Im Kellergeschoß der Anlage befinden sich die Elektromotoren (8), durch welche die verschiedenen Maschinen und Apparate mittelst Riemen angetrieben werden.

Wie bereits erwähnt, wird die gesamte Anlage so weit als angängig selbsttätig betrieben, sodaß wenige Arbeiter zur Überwachung der einzelnen Maschinen ausreichen.

Erzeugung und Verwendung der elektrischen Energie.

Zur Erzeugung elektrischer Energie verfügt die Gewerkschaft Amélie über eine eigene Dampfzentrale, welche jedoch gegenwärtig als Reserve dient; sie enthält eine 1000-pferdige horizontale Dampfmaschine, auf deren Welle ein Drehstromgenerator von 900 Kw., 5250 Volt aufgekeilt ist.

Der gesamte Energiebedarf für die verschiedenen Betriebe sowohl über wie unter Tage wird einer in der Nähe errichteten Transformatorenstation entnommen; diese setzt den von den Oberrheinischen Kraftwerken mit 20 000 Volt gelieferten Strom auf die Spannung von 5000 Volt um, mit welcher das Verteilungsnetz auf der Grube betrieben wird. Sie wird einmal alle Gruben der Umgebung mit elektrischer Energie versorgen.

Der elektrische Strom bildet gegenwärtig die einzige Triebkraft für die verschiedenen Betriebe unter Tage. Er wird den an verschiedenen Stellen errichteten unterirdischen Transformatorenstationen mittels eines armierten Bleikabels zugeführt. Diese Stationen enthalten je nach ihrer Bestimmung einen oder mehrere Transformatoren, welche den Strom auf die Gebrauchsspannung von 110 Volt umsetzen, und sind mit allen notwendigen Sicherheitsapparaten ausgerüstet.

Von den Stationen gehen ebenfalls Bleikabel nach verschiedenen Richtungen ab und münden in wasserdicht verschlossene Anschlußkästen, in welchen die Steckdosen und Sicherungen für die Bohrmotoren untergebracht sind.

Mit dem Fortschreiten der Arbeiten werden die Zuleitungskabel verlängert und die Anschlußkästen je nach Bedürfnis weiter versetzt; von dort aus erfolgt die Stromzuleitung zu den Bohrmotoren vermittels tragbarer, auf Trommeln aufgewickelter Kabel, welche beidseitig mit Steckvorrichtungen ausgerüstet sind.

5

Jede Bohrmaschine besitzt ihren besonderen, 1-pferdigen, vollständig geschlossenen Motor und wird durch Schnecke und Zahnrad angetrieben.

Überhaupt findet der elektrische Strom für die verschiedensten Antriebe Verwendung, wie z. B. für die Stollenventilatoren, Förderhaspel usw. unter Tage, welche alle mit der Spannung von 110 Volt betrieben werden ; ferner über Tage, wie schon erwähnt, für die Hauptfördermaschine, die Salzmühle, den großen Schachtventilator und die chemische Fabrik ; letztere soll in einem späteren Kapitel näher beschrieben werden.

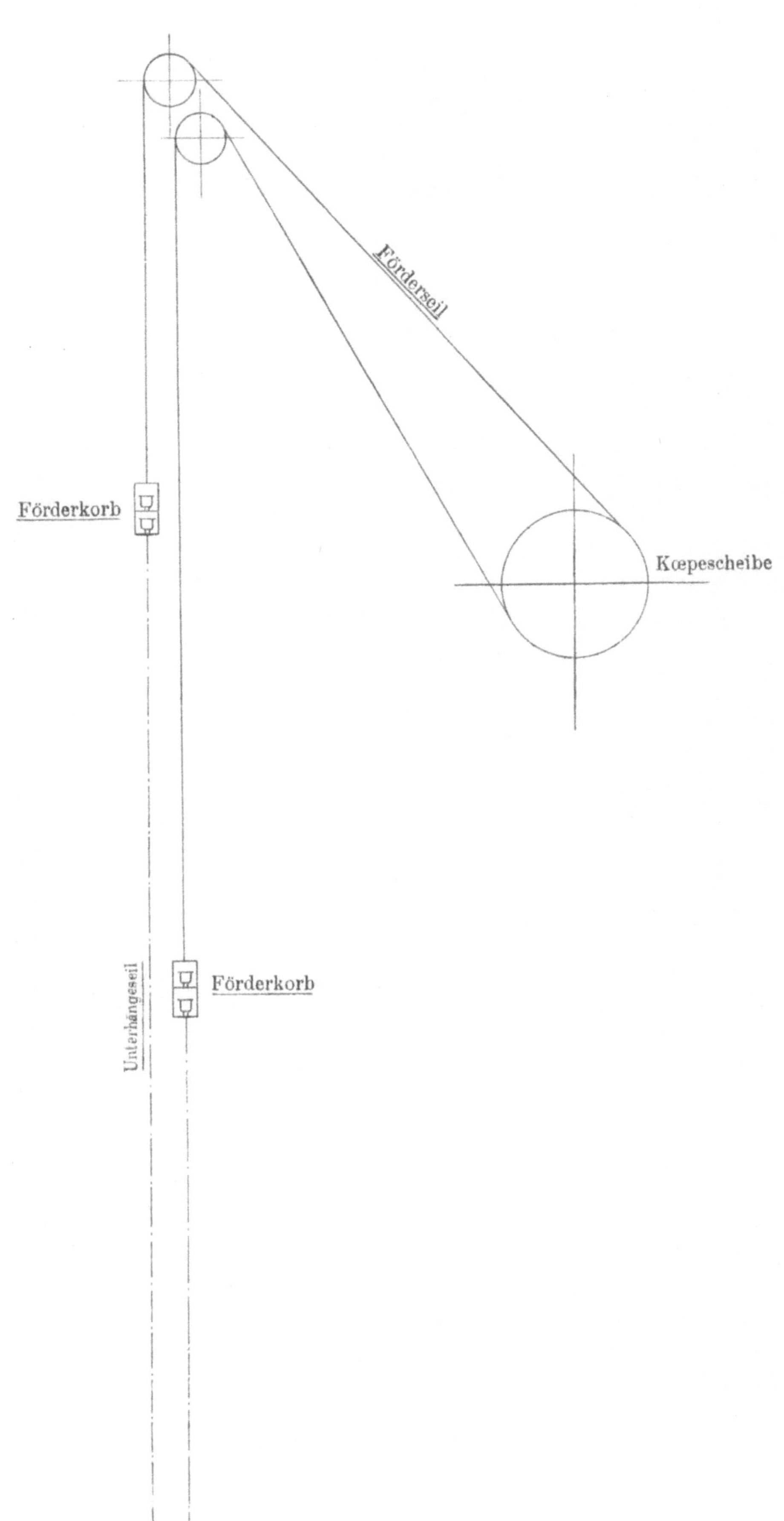
Förderseil
Förderkorb
Kœpescheibe
Unterhängeseil
Förderkorb

Additional material from *Die Kalibergwerke im Oberelsaß,*
ISBN 978-3-662-33673-1 (978-3-662-33673-1_OSFO7),
is available at http://extras.springer.com

VIII.

Mechanische und chemische Verarbeitung
der Kalisalze.

Das zur Zeit im Ober-Elsaß ausgebeutete Kalilager umfaßt
eine große Oberfläche und befindet sich in einer mittleren Tiefe
von ungefähr 660 Meter. Es hat eine Mächtigkeit von 5 Meter und
besteht aus abwechselnden roten und grauen Schichten, die hauptsächlich aus einer Mischung von Sylvin (Chlorkalium) und Steinsalz (Chlornatrium) zusammengesetzt sind ; die roten Schichten,
die durch Spuren von Eisenoxyd gefärbt sind, enthalten meistens
das Sylvin, die grauen Schichten dagegen sind reich an Steinsalz.
Das Vorkommen von schwachen Tonschiefer- und Anhydrit-
schichten (Calciumsulfat) sei nebenbei erwähnt.

Diese Fördersalze enthalten außer dem Chlorkalium und dem
Chlornatrium schwache Mengen von Sulfaten und verschwindend
kleine Mengen von Magnesiumsalzen. Es sind außerdem, besonders
in den roten Schichten, Spuren von Bromür festgestellt
worden.

Herr Gronover vom chemischen städtischen Untersuchungsamt
hat durch zahlreiche Bestimmungen den Gehalt der Fördersalze
festgestellt. Der Gehalt an Chlorkalium (K Cl) wechselt zwischen
20% bis 68%, fällt selten auf 10% und steigt manchmal bis 80%.

Die Reinheit dieser Fördersalze bietet schätzenswerte Vorteile.
Sie können nach einer einfachen Zerkleinerung direkt für landwirtschaftliche Zwecke Verwendung finden und bilden für die, den
chemischen Werken bestimmte Fabrikation des reinen Chlorkaliums, ein ausgezeichnetes Rohmaterial. Die Reinigungsverfahren
sind im Vergleich zu den Fördersalzen der Kalibergwerke Nord-
deutschlands von einer bisher ungeahnten Einfachheit, besonders
für die Behandlung des Carnallits und des Sylvinits.

Das aus den Bergwerken gewonnene Fördersalz hat einen mittleren Gehalt von 20% K_2O (also 35% K Cl) und ist den oben be-
schriebenen Zerkleinerungsprozessen unterworfen. Seine An-

wendung in der Landwirtschaft erfordert eine mittlere Mahlung, wogegen das Mahlgut den chemischen Fabriken als Feinstaub übergeben werden muß.

Die Trennung des Chlorkaliums vom Chlornatrium geschieht in sehr leichter Weise, infolge des verschiedenen Löslichkeitsgrades dieser zwei Salze, die bei 10° C. 109 gr K Cl und 258 gr Na Cl pro Liter und bei 100° C. 280 gr K Cl und 200 gr Na Cl pro Liter beträgt. Das zu befolgende Verfahren zur Trennung der beiden Salze ist somit ganz angezeigt. Das fein gemahlene Fördersalz wird durch eine heiße gesättigte Lösung von Chlornatrium behandelt, das Chlorkalium löst sich auf, während das Chlornatrium unlöslich bleibt. Man trennt durch Filtration, läßt die Lösung erkalten, aus welcher das reine Chlorkalium kristallisiert. Wenn in Wirklichkeit der Vorgang weniger einfach sich vollzieht, so ist nicht abzuleugnen, daß mit diesem verhältnismäßig sehr reinen Fördersalz Produkte von hervorragender Qualität erzielt werden.

Verfolgen wir den Gang der Operationen (Tafel XIV). Das fein gemahlene Fördersalz wird durch Förderschnecken den Lösungskesseln zugeführt (1). Diese Kessel haben mit kleinen Löchern versehene Doppelböden. Die Heizung geschieht durch indirekten Dampf bei 106° C. und bietet den Vorteil, die Verdünnung der Lösung durch das Kondensationswasser zu verhindern. Bei dringender Arbeit wird mitunter direkter Dampf verwendet, aber in diesem Falle geht ein gewisses Quantum Chlornatrium durch Auflösung verloren. Die Lösung enthält 37% Chlorkalium; sie fließt durch die Klärungsfilter (2) in die Klärungskufen (3), in welchen sich Ton, gemengt mit mitgerissenem Salze, absetzt. Die Lösung wird mittelst Heber abgelassen, um in die großen Kristallisationswannen zu gelangen (4).

Der Rückstand der Lösung wird in die unter den Lösungsapparaten aufgestellte Filter geleitet (7), wo er oberflächlich mit Wasser gewaschen, nachher auf Halden gebracht zur Ausfüllung der ausgebeuteten Stollen in die Mine zurückbefördert wird.

In den Kristallisationsbehältern bildet sich bei Anbeginn des Erkaltens ein an relativ Chlornatrium reiches Kristallpulver, welches die letzten Spuren von unlöslichen Verunreinigungen mit sich fortreißt. Dieses graugefärbte Pulver enthält Salze von 86% Chlorkaliumgehalt. An den Wänden bilden sich viel größere, vollständig ungefärbte Kristalle eines viel reineren Salzes, mit einem Chlorkaliumgehalt von 96%.

Die 86% K Cl-haltigen Salze werden zur Herstellung von relativ reichhaltigem Dünger zu 40% $K_2 O$ verwendet, indem man sie in den verlangten Verhältnissen mit Rohsalzen mischt.

Durch ein einziges Auswaschen steigt der Gehalt von 96% in den großen Kristallen auf 98%. Dieses Produkt findet in der chemischen Industrie einen Absatz besonders für die elektrolytischen Verfahren. Es wird ein Gehalt von 98% K Cl mit einer Maximaltoleranz von 1% Na Cl und 0,1% SO_3 verlangt. Bei der Gewerkschaft Amélie wird mit Leichtigkeit 0,6% Na Cl und 0,034% SO_3 erreicht.

Die gewaschenen Kristalle werden durch Kippwagen (8) zur Trockenanlage befördert. Das Trocknen geschieht in großen Drehtrommeln (9), die durch Kohlenfeuerung erwärmt werden, indem die Verbrennungsgase dieselben in der Richtung der Zuleitung der Salze durchlaufen. Zur Erhöhung des Kaminzuges werden Ventilatoren angebracht (10). Diese direkte Feuerung bewirkt eine Verunreinigung der Produkte durch den Flugstaub der Heizgase. Dies scheint jedoch für die Verwendung derselben keinen großen Nachteil zu bieten. Zur Verhütung der Klumpenbildung werden Salze und Heizgase in derselben Richtung durch die Trommel befördert.

Durch ein Hebewerk wird das getrocknete Salz in ein Scheidewerk (11) geleitet, wo das Feingut direkt in einen mit Kippboden versehenen Behälter (13) gelangt, während die Klümpchen vorerst durch Quetschwerke (12) laufen. Unter diesem Behälter befindet sich ein Magazin (14).

Die Mutterlauge wird gleichzeitig mit dem Waschwasser in große Behälter (5) geleitet, von wo sie durch Pumpen (6) aufs neue in die Auflösungsapparate geführt werden; dieselben können gewissermaßen in unbegrenzter Weise angewendet werden, da erst nach einigen Jahren die minimale Quantität von Magnesiumsalzen, die sich darin ansammelt, sich störend bemerkbar macht.

Ein großer Vorteil der Reinheit der Fördersalze besteht in der sehr geringen Wassermenge, die zum Auswaschen derselben erforderlich ist; die Volumenzunahme der Mutterlauge, die dadurch entstehen könnte, ist so gering, daß sie durch die natür-

liche Verdunstung während der Kristallisation und durch die an
den Kristallen und am Rückstand haftenden Flüssigkeiten
kompensiert wird; es ist also nicht nötig, die Lösungen durch
Eindampfen zu konzentrieren.

Der Betrieb in Reichweiler (Amélie) ist für eine tägliche Aufbereitung von 200 Tonnen Fördersalz eingerichtet, mit einer Produktion von 40 bis 50 Tonnen reinen Chlorkaliums.

Eine eventuelle Gewinnung des Broms ist noch nicht in
Aussicht genommen worden, die vorhandenen Bromürmengen
scheinen sehr gering zu sein. Das Vorkommen von seltenen
Alkali-Metallen, wie Rubidium und Caesium, ist noch nicht festgestellt worden.

Es erscheint interessant, die Einfachheit der Aufbereitungsart
der elsässischen Fördersalze zu erwähnen und eine notwendiger-
weise kurze Beschreibung der Behandlung der anderen Kalisalze
zu geben, die in Nord-Deutschland ausgebeutet werden.

Unter Sylvin, Sylvinit, Kainit, Hartsalz werden in wenig
bestimmter Weise diejenigen Salze bezeichnet, die außer Chlorkalium und Chlornatrium sehr verschiedene Quantitäten von
Kieserit (Mg SO$_4$. H$_2$ O), Carnallit (K Cl Mg Cl$_2$. 6 H$_2$ O). Polyhalit
(K$_2$ SO$_4$ Mg SO$_4$ 2 Ca SO$_4$. 2 H$_2$ O), Kainit Mg SO$_4$. K Cl. 3 H$_2$ O)
usw. enthalten. Die Aufbereitung zur Gewinnung von Chlor-
kalium ist nur dann gewinnbringend, wenn die Fördersalze
Kieserit oder Carnallit führen.

Die also zusammengesetzten Hartsalze haben mit unsern
elsässischen Salzen eine ziemliche Ähnlichkeit, ihre Aufbereitung
ist aber kostspieliger, umsomehr als die Quantitäten von Kieserit
und Carnallit bedeutend sind.

Das angewendete Verfahren ist das soeben beschriebene,
jedoch mit einigen Modifikationen. Das Vorkommen von Mag-
nesium in der Lösung wirkt wegen der Wiederverwendung der
Mutterlauge störend; dasselbe häuft sich an, und bald enthalten die Chlorkalium-Kristallisationen zunehmende Mengen von
Sulfat, welches schwerlich durch Waschungen entfernt werden
kann. Glücklicherweise kann diesem Übelstand teilweise abgeholfen werden; das Kieserit ist schwer löslich; durch Verminderung
der Dauer der Lösung und durch Anwendung von indirektem
Dampf zu ihrer Erwärmung gelingt es diese Löslichkeit zu be-

grenzen, doch mit gewissem Nachteil, da das in den Rückständen enthaltene Chlorkalium nicht vollständig ausgezogen werden kann. Ein gewisser Gehalt an Carnallit ist vorteilhaft, da durch denselben das Mitauskristallisieren größerer Sulfatmengen verhindert wird. Er erhöht dagegen die Löslichkeit des Chlornatriums in der Wärme und bei dem Erkalten scheidet sich eine größere Menge desselben mit dem Chlorkalium aus. Wenn sich das Carnallit in der Mutterlauge anhäuft, so kristallisiert es mit dem Chlorkalium. Trotz aller Vorsichtsmaßregeln ist man gezwungen, das Auswaschen des Chlorkaliums weiterzutreiben, woraus eine Vermehrung des Volumens der Waschwässer erfolgt; hierdurch wird auch die Wiederverwendung der Mutterlaugen eingeschränkt.

Die Fördersalze von Staßfurt selbst, von denen wir jetzt sprechen wollen, die zuerst zur Ausbeutung gelangten, werden jetzt noch in einem großen Maßstabe ausgebeutet. Das rohe Carnallit von Staßfurt ist eine Mischung von Carnallit, Steinsalz und Kieserit mit kleinen Mengen anderer Salze und einem Gehalt von 16% K Cl.

Die Gewinnung des Chlorkaliums aus dem rohen Carnallit geschieht in verschiedenen Phasen und nach folgendem Prinzip:

Je nach Umständen veranlaßt die reversible Reaktion

$$K\ Cl + Mg\ Cl_2 + 6\ H\ O \leftarrow K\ Cl\ Mg\ Cl_2\ 6\ H_2O$$

das Auskristallisieren von Chlorkalium oder von Carnallit.

Wenn eine Lösung das Chlorkalium und das Chlormagnesium in molekularen Mengen enthält (und dies ist ungefähr der Fall für die Lösung des rohen Carnallits), so krystallisiert beim Erkalten die Hauptmenge des Chlorkaliums in verhältnismäßiger Reinheit aus.

Wenn dagegen die Lösung Chlormagnesium im Überschuß enthält, so wird der größte Teil des Chlorkaliums in Form von Carnallit kristallisieren.

Dieses festgestellt, wird die Aufeinanderfolge der Operationen bei der Behandlung des rohen Carnallits leicht verständlich.

1. Beim Auflösen desselben in den heißen Mutterlaugen einer vorhergehenden Operation erhält man einerseits einen festen Rückstand von Chlorkalium und Kieserit, andererseits eine Lösung, welche die Bestandteile des Carnallits neben Chlornatrium und Magnesiumsulfat enthält.

2. Nach Abklären und Erkalten bildet sich eine erste Kristallisation, die, nochmals gewaschen, Chlornatrium von 85% ergiebt.

3. Aus den eingedampften und wieder erkalteten Mutterlaugen scheidet sich ein ziemlich reiner künstlicher Carnallit aus.

4. Dieser künstliche Carnallit wird heiß gelöst; beim Erkalten erhält man eine zweite Kristallisation eines bedeutend reineren Chlorkaliums, die, ausgewaschen, ein Produkt von 95—98% vorstellt.

Zu den Unzuträglichkeiten dieser viel verzweigten Arbeit gesellt sich eine weitere bedeutend schwerere:

Die in den Mutterlaugen des künstlichen Carnallits (3. Operation) enthaltenen Mengen von Magnesiumsalzen sind umgeheuer und nur zum allergeringsten Teile verkäuflich. Der Rest wird in die Flußläufe abgelassen zum großen Schaden der anwohnenden Wasserverbraucher. Diese Mutterlaugen bereiten sämtlichen Staßfurter Betrieben große Schwierigkeiten.

Additional material from *Die Kalibergwerke im Oberelsaß,*
ISBN 978-3-662-33673-1 (978-3-662-33673-1_OSFO8),
is available at http://extras.springer.com

IX

Verwendung der Kalisalze in der Industrie.

Vor der Erfindung der künstlichen Soda durch Nicolas Leblanc wurden in der Industrie fast ausschließlich Kaliumkarbonat und Ätzkali verwendet, wenn es sich darum handelte, eine alkalische Wirkung zu erzielen, z. B. bei der Seifenfabrikation, beim Bleichen, in den Indigoküpen usw. Das Kaliumkarbonat wurde ausschließlich aus Holzasche bereitet. Die geniale Erfindung von Leblanc und später diejenige von Solvay haben in dieser Beziehung einen radikalen Umschwung hervorgerufen. Die Verwendung von Soda hat, dank ihres billigen Herstellungspreises eine enorme Ausdehnung erfahren, und ohne dieses wertvolle Hilfsmittel hätte die große chemische Industrie nicht der heutigen großartigen Entwickelung entgegensehen können.

Das Kalium und die Kalisalze haben nichtsdestoweniger an Bedeutung nicht abgenommen und es bestehen eine Anzahl Anwendungen, wo sie durch das Natron nicht ersetzt werden können und in welchen sie eine spezifische Rolle spielen.

In den folgenden Zeilen soll kurz angedeutet werden, unter welchen Umständen diese Produkte Verwendung finden.

Das metallische Kalium hat bis zur Zeit keinerlei industrielle Verwendung gefunden. Es findet bloß in den Laboratorien eine gewisse Anwendung, z. B. für die qualitative Untersuchung auf Stickstoff in organischen Substanzen. (Lassaigne'sche Reaktion.)

Es hat viel ausgeprägtere Affinitäten wie das gleichartige Natrium. Es verbindet sich direkt mit dem Kohlenoxyd zu Hexaoxybenzolkalium $C^6 (OK^6)$ (Nietzki), während das Natrium unter den gleichen Verhältnissen ohne Wirkung ist. Die industrielle Bereitung des Kaliums scheint schwerer zu sein als diejenige des Natriums. Es ist aber nicht ausgeschlossen, daß früher oder später dieses Produkt in die Reihe der industriellen Erzeugnisse aufgenommen wird. Dank erfolgter Vervollkommnungen sind Körper von schwierigerer Zubereitung zugänglich geworden.

Das Chlorkalium kann zur Herstellung von Sulfat unter gleichzeitiger Bildung von Chlorwasserstoffsäure dienen und das Sulfat wird alsdann nach dem Leblanc'schen Verfahren in Karbonat umgewandelt. Anderseits kann das Sulfat auch direkt aus den Staßfurter Salzen gewonnen werden.

Das Chlorid fand eine ausgedehnte Anwendung für die Herstellung des salpetersauren Salzes aber seit Erfindung des rauchlosen Pulvers hat die Verwendung von Kaliumsalpeter bedeutend abgenommen. Das Chlorid wird noch zur Herstellung von Kaliumchlorat verwendet. Endlich findet es noch manchmal Verwendung in der Industrie der organischen Produkte zur Bereitung der Kaliumsalze, aber wegen seines hohen Preises hat es in diesem Industriezweig noch lange nicht eine so große Verwendung gefunden wie das Chlornatrium.

Das Kaliumbromid und das Kaliumjodid finden in den Pharmacieen Verwendung.

Das Cyanid hat verschiedene Anwendungen, Galvanoplastik, Auslaugung der Golderze usw. Es wird in großem Maßstab hergestellt, entweder rein oder mit Natriumcyanid gemischt.

Das Kaliumferrocyanid wird auch in großen Mengen hergestellt. Es ist jedoch zu bemerken, daß das Natriumferrocyanid auch an Bedeutung zunimmt.

Was die Ferricyanwasserstoffsäure und die Sulfocyanwasserstoffsäure anbetrifft, so ist zu bemerken, daß die wichtigsten Handelsprodukte immer noch die Kaliumsalze sind.

Das Chloroplatinat, das Fluosilikat, das Cobaltinitrit und das überchlorsaure Salz, die sehr schwer löslich bezw. unlöslich sind, haben insoweit ein Interesse, als sie zur Gewichtsbestimmung des Kaliums in den löslichen Salzen dienen.

Das Ätzkali hatte und hat noch teilweise sehr bedeutende Anwendung, obwohl es in den meisten Fällen durch das viel billigere Ätznatron ersetzt wird. Auch werden heutzutage viel weniger Kaliumseifen hergestellt, obwohl letztere Seifen (Schmierseifen) für gewisse häusliche Zwecke und besonders für die Wäsche der Rohwolle, wo sie den Natriumseifen vorgezogen werden, große Verwendung finden.

Da das Kali in Alkohol weit besser löslich ist als das Natron, so wird es immer angewendet, wenn man gezwungen ist, alkalische Reaktionen in Alkohollösungen vorzunehmen.

Eine der wichtigsten Reaktionen der organischen Chemie ist die Verwandlung der Sulfosäuren in Phenole durch Einwirkung der Alkalien. Auf dieser von Kékulé, Wurtz und Dusart gleichzeitig erfundenen Reaktion beruht die Fabrikation des Alizarins, der Naphtole, des Resorcins und zahlreicher Amino-naphtolsulfosäuren usw. Die Erfinder der Reaktion verwendeten für dieselbe das Kalihydrat, zur Zeit wird meist mit Natron-hydrat gearbeitet.

In der Fabrikation des synthetischen Indigos und gewisser Farbstoffe der Gruppe des Thioindigos oder des Indanthrens da-gegen wird eine Mischung von Natron und Kali oder selbst Kali allein verwendet. Das Ätzkali wurde früher ausschließlich aus Karbonat und Kalk hergestellt; dasselbe wird jetzt in großen Mengen durch Elektrolyse des Chlorides gewonnen. Diese in der Fabrik Griesheim-Electron ausgearbeitete Methode verläuft sehr glatt und ist leichter auszuführen als die Bereitung des Ätzkalis mittelst Kochsalz. Das Kaliumkarbonat wurde vor Entdeckung der Staßfurter Kaliablagerungen aus Holzasche, aus Zucker-rübenmelasse, nach ihrer Vergährung zu Alkohol, oder aus Wollschweiß gewonnen. Es wird auf diese Weise noch ein ge-wisses Quantum hergestellt, hauptsächlich wird es aber aus dem Sulfat oder Chlorid nach dem Leblanc'schen Verfahren bereitet. Das Solvay'sche Ammoniak-Verfahren ist nicht verwendbar und das Ortlieb'sche Trimethylamin-Verfahren scheint bis jetzt keine industrielle Anwendung gefunden zu haben. Ein großer Teil des Kaliumkarbonats wurde zur Fabrikation des Ätzkalis verwendet und findet diese Verwendung ohne Zweifel noch in gewissen Ländern statt, es ist aber wahrscheinlich, daß die viel billigere elektrolytische Zersetzung des Chlorides schließlich überall die alte Methode ersetzen wird.

Für die meisten Zwecke ist das Kaliumkarbonat durch das Natrumkarbonat ersetzt worden, doch findet das erstere in der Glasindustrie immer noch eine bedeutende Verwendung.

Das Kaliumnitrat, welches früher in den Salpeterplantagen hergestellt wurde, wird seit Entdeckung der Staßfurter Kalisalzablagerungen ausschließlich, wenigstens in Westeuropa, durch Einwirkung von Kaliumchlorid auf Natriumnitrat hergestellt.

Seine Verwendung hat, wie oben schon erwähnt worden ist, bedeutend abgenommen.

Das früher durch Einwirkung des Kaliumchlorid auf Kalziumchlorat gewonnene Kaliumchlorat wird jetzt ausschließlich durch Elektrolyse des Chlorides in warmer Lösung hergestellt. Wie bei der Herstellung des Ätzkalis bilden sich in erster Linie Kalium und Chlor; die Apparate sind aber derartig eingerichtet, daß das Chlor, statt sich frei zu entwickeln, auf das Kalihydrat einwirkt und Chlorat und Chlorür erzeugt. (Verfahren Gal und de Montlaur.)

In gewissen Anwendungen ist das Kaliumchlorat durch das billigere und löslichere Natriumchlorat ersetzt worden, doch ist es in verschiedenen Fällen beibehalten worden, so z. B. für die Fabrikation der Chloratsprengstoffe (Cheddit) und der Zündhölzchen. Zu diesem Zwecke werden große Mengen nach dem Orient exportiert.

Das Kaliumpermanganat ist immer noch das wichtigste Derivat der Mangansäuren. Desgleichen ist das Kaliumbichromat nicht in allen seinen Anwendungen durch das Natriumsalz ersetzt worden.

Es mögen endlich noch die Kaliumsalze einiger organischen Säuren Erwähnung finden: der Weinstein oder weinsaures Kalium, der Brechweinstein oder weinsteinsaures Kalium-Antimonyl, das Kalium-Antimonyl-Oxalat, die in der Färberei Anwendung finden.

Der Kali-Alaun, Aluminium-Kalium-Sulfat, findet seit der industriellen Fabrikation des eisenfreien Aluminiumsulfats nur noch eine sehr beschränkte Anwendung.

X.

Landwirtschaftliche Verwendung des Kalidüngers.
Landwirtschaftliche Chemie des Kalis.

Zur Ernährung und zum Gedeihen benötigen die Pflanzen neben dem Sonnenlichte gasförmige Materialien wie Kohlensäure und Sauerstoff, welche sie durch Vermittelung ihrer Blätter der Luft entnehmen; auch das Wasser, das ihnen auf dem Wege durch die Wurzeln die löslichen Bodensalze zuführt, spielt eine hervorragende Rolle. Die Wasserlöslichkeit dieser Salze ist von großer Wichtigkeit je nach der Natur und Gattung der Pflanzen. Die unbedingt notwendigen löslichen Stoffe sind, neben dem Kali, die Phosphorsäure und der Stickstoff. Versucht man der Pflanze die genannten Stoffe auf anderem Wege zugänglich zu machen, etwa in der Form wie sie in der Natur im Granit, Basalt, Apatit oder Glimmerschiefer vorkommen, so kränkelt sie und stirbt schließlich den Hungertot.

Gewisse Mineralien indessen spielen bei der Assimilation der Pflanzen eine Rolle: Es sind dies die in der Ackerkrume vorkommenden Zeolithe, Aluminat-Silikate oder Salze eines komplexen Aluminium-Silicium Radikales. Diese Verbindungen besitzen die Fähigkeit, einen ihrer basischen Bestandteile gegen eine andere Base umzutauschen und so unter Ausscheidung von Chlorcalcium, unlösliche Kalisalze zu bilden, wenn Calciumzeolithe in Gegenwart von Wasser mit Chlorkalium in Berührung kommen. Unter diesen Umständen fixieren diese Mineralien das Kali im Erdboden, um es später den Vegetabilien zugänglich zu machen unter Mitwirkung der Radizellen, welche andere lösliche Salze, wie die des Natrons, des Kalkes und der Magnesia ausscheiden. Diese Verbindungen sind hauptsächlich von R. Gans, und zwar zu dem rein industriellen Zwecke der Wasserreinigung studiert worden.

Den Gedanken den Erdboden an Nährstoffen, in dem Masse wie ihm solche durch die Vegetation entzogen werden, wieder anzureichern, verdanken wir Liebig.

Es wird bekanntlich angenommen, dass der Stickstoff zur Bildung der organischen Stickstoffverbindungen beiträgt, während die Phosphorsäure zum Aufbau der Eiweißstoffe in der Pflanze beiträgt. Das Kali scheint mehr an der Bildung und am Transport des Zuckers, der Stärke und des Holzstoffes teilzunehmen.

Der Kaligehalt der Pflanzen unterliegt bedeutenden Schwankungen, woraus hervorgeht, daß dem Erdboden je nach der Art der Ernten, recht wechselnde Mengen an Salzen dieser Base entzogen werden. Nachstehende Tabelle liefert hiervon eine Übersicht.

Nach P. Krische (Illustriertes Jahrbuch der Wirtschaft und Technik im deutschen Kalibergbau) werden durch eine mittlere Ernte dem Boden jährlich entzogen:

Bauart	K_2O Kali	P_2O_5 Phosphorsäure	N Stickstoff
	Kilo pro Hektar		
Hopfen	30	15	140
Gerste	35	20	60
Weizen	40	30	85
Korn	50	25	65
Hafer	70	20	65
Wein	70	20	65
Maiskorn	75	29	70
Spargel	80	20	65
Zichorie	90	25	70
Tabak	90	15	100
Heu	100	35	95
Kartoffel	100	30	60
Luzerne	115	65	130
Lein	175	75	100
Zwiebel	188	19,5	190
Grünmais	225	45	95
Kohl	230	10	85
Hanf	230	10	85
Futterrüben	255	45	130
Weißkraut	405	95	170

Aus dieser Tabelle geht hervor, daß für eine mittlere Ernte Hopfen oder Weißkohl dem Boden jährlich per Hektar 30 resp. 405 kg Kali, 140 resp. 170 kg Stickstoff und 15 resp. 95 kg Phosphorsäure entzogen werden. Die Pflanzen benötigen also je nach ihrer Art verschiedene Mengen von Nährstoffen; das Verhältnis der zur Ernährung notwendigen Substanzen ist für die einzelnen Pflanzengattungen ein verschiedenes, die einen verbrauchen mehr Kali, die andern mehr Stickstoff oder Phosphorsäure. Im allgemeinen assimilieren die Pflanzen viel mehr Kali oder Stickstoff als Phosphorsäure und mit Ausnahme der Papilionaceen, welche ihren Stickstoff durch Vermittelung von Bakterien, die auf ihren Wurzeln lebend daselbst die für diese Familie charakteristischen Knöllchen bilden, der Luft entnehmen, leben alle andern Pflanzen auf Kosten des im Boden enthaltenen Kalis, Phosphorsäure und Stickstoffs. Schon vor Jahrhunderten lehrte der zu Beginn unserer Zeitrechnung lebende Landwirt Columella den Römern, daß die Leguminosen, im Gegensatz zu allen andern Pflanzen, den Boden, auf welchem sie gedeihen, nicht erschöpfen.

P. Krische berechnet, daß in Preußen der Kaliersatz nur etwa die Hälfte der Menge beträgt, die dem Boden durch die Landwirtschaft entzogen wird, sodaß man noch weit von dem Quantum entfernt ist, welches ihm zugeführt werden müßte, um seiner Beraubung, welche er auf ca. 550 000 Tonnen schätzt, vorzubeugen. In den meisten andern Ländern liegen die Verhältnisse noch bedeutend ungünstiger, verglichen mit der Phosphorsäure-Düngung, welche sich ungefähr in richtigen Bahnen bewegt.

Die vollständige Düngung, Phosphorsäure, Stickstoff und Kali, erhöht die Ernteerträge in bedeutendem Masse; dieselben können die der nicht oder wenig verbesserten Böden um ein Mehrfaches überschreiten. Auch die Qualität der geernteten Produkte wird verbessert, eine Tatsache, die bei der Kultur der Gerste, des Weines, des Tabaks, der Gemüse und des Obstes in Erscheinung tritt.

Der Mangel an Kali begünstigt, neben geringeren Erträgen, das Auftreten recht schädlicher Blattkrankheiten und die Entwickelung zahlreicher Kryptogamen, die man durch Behandlung des Bodens mit einem Gemische von Kainit und Steinsalz erfolgreich bekämpfen kann.

Im allgemeinen (Rumpler-Woy, „Käufliche Düngerstoffe und ihre Anwendung", Seite 28) ist dem Landwirte zu empfehlen, bei Anwendung von konzentrierten Düngemitteln folgende Regeln zu befolgen.

Da zu den Zwecken der Ernährung der Pflanzen eine mineralische Substanz die andere nicht zu ersetzen vermag, ist es stets angebracht, dem Boden diejenige Substanz beizumengen, welche in demselben in Hinblick auf den Gebrauchszweck in geringster Menge enthalten ist. Die Nährstoffe müssen in leicht assimilierbarer Form dargeboten werden; auch ist es nötig, daß dieselben in gleichmäßiger, recht feiner Verteilung vorliegen und so den Wurzeln leicht zugänglich sind.

Die im Boden befindlichen Nährstoffe sollen das Quantum, das durch eine einmalige Ernte entzogen wird, um ein mehrfaches übersteigen.

Praktische Düngung.

Die einzig richtige Art, sich über den Wert eines Düngemittels klar zu werden, besteht nach zahlreichen Arbeiten P. Wagners, in Versuchen auf dem angebauten Lande selbst. Handelt es sich beispielsweise darum, die Wirkung eines künstlichen Düngemittels neben Stallmist zu erproben, so werden zwei Versuchsparzellen auf demselben Felde angelegt, die eine wird in gewohnter Weise behandelt, während die andere einen Zuschlag von dem zu erprobenden Düngemittel erhält. Will man dagegen feststellen, um wieviel der Ertrag bei unvollständiger Düngung zurückgeht, wenn man also Kali oder Phosphorsäure oder Stickstoff ausscheidet, so wird man fünf Parzellen anlegen müssen. Die erste bleibt unverändert; die zweite erhält alle drei Düngemittel, Stickstoff, Kali und Phosphorsäure; die dritte Kali und Stickstoff; die vierte Phosphorsäure und Kali; die fünfte Phosphorsäure und Stickstoff.

Es versteht sich von selbst, daß die Düngermengen vor dem Versuch und nach demselben die Ernten abgewogen werden. Um sich die Arbeit zu vereinfachen, wird der kleinere Landwirt nur drei Parzellen anlegen, von welchen die eine unberührt bleibt; die zweite wird er mit Phosphorsäure und Stickstoff, die dritte mit

Kali, Phosphorsäure und Stickstoff düngen. Auf diese Weise wird es ihm leichter werden, die Wirkung des Kalis zu erkennen.

Die Kalisalze üben eine hervorragend günstige Wirkung auf die Erträge der Getreidearten aus.

Pro Hektar gibt man 50—75 kg Kali [K_2O] neben 30—50 kg Phosphorsäure und 25—30 kg Stickstoff für Korn, Weizen, Hafer und Gerste; für beide letzgenannten Arten kann man mit den Mengen etwas heruntergehen. Die Verhältnisse für den Anbau von Rüben, Kohl und Futterrüben wechseln zwischen 40—120 kg auf den Hektar neben 30—100 kg Phosphorsäure und 30—75 kg Stickstoff; für Kartoffeln verwendet man mit Vorliebe 40% Kalidünger oder ein weniger reiches Kalirohsalz, welches man im Herbste ausstreut, damit dieser Kultur schädliche fremde Chlorüre [Natronsalz) durch die Niederschläge gelöst und in Untergrundschichten abgeführt werden.

Die Futterpflanzen entnehmen ihren Stickstoff der Luft; sie brauchen nur Phosphorsäurekali, pro Hektar 50—75 kg Kali und 55 kg Phosphorsäure. Kali und Phosphorsäure begünstigen das Wachstum der Kleearten, Stickstoffdünger dasjenige der Wiesenpflanzen.

Für den Tabakbau wird ausschließlich Kalisulfat verwendet, weil mit Chlorür beladene Blätter schlecht im Brande sind.

Hopfen verlangt nur 30 kg Kali pro Hektar.

Nach Wagner bedarf die Rebe vor allen Dingen der Stickstoffdüngung, nach andern Forschern jedoch erhöht eine Zufuhr von Kali neben dem Ertrage auch die Qualität der Trauben. Alle drei Jahre gibt man neben Stallmist 40 kg Kali, 30 kg Stickstoff und bei Mangel an Phosphorsäure davon 20—40 kg. P. Wagner empfiehlt, dem Boden die in der umstehenden Tabelle angegebenen Mengen in Kilogramm pro Ar innig beizumischen.

Kopfdüngung.

Dieselbe ist überall da angezeigt, wo eine Düngung vor der Aussaat nicht mehr vorgenommen werden konnte. Für ausdauernde Gewächse wie Luzerne, Klee und Wintergetreide wird sie am besten im Herbste gegeben.

Man benützt Kainit oder Carnallit, den man bei trockenem Wetter ausstreut, sobald die Saat zu grünen beginnt.

	Kali in Form von Salz zu 40 %	Phosphorsäure in Form von Superphosphat zu 17 %	Stickstoff in Gestalt von Ammoniumsulfat u. Natriumnitrat		
			Ammonium-sulfat	Natrium-nitrat	
Obstbäume	3	1,5	2	—	im Februar
Coniferen.........	2	1	—	5	dreimalig von April bis Juni
Kohl.............	5	3	4	—	14 Tage vor der Anpflanzung
Rüben	3	2	—	2	14 Tage vor der Aussaat
Bohnen und Erbsen	2	2	—	1,5	vor der Aussaat
Zwiebeln	3	2,5	2	—	bei Herrichtung der Felder
Salat	1	1	1,25	—	im Frühjahr
Spargel	1,5	2,5	—	—	im März
Lauch	4	3	3	—	bei Herrichtung der Felder
Tomaten	5	3	4	—	im Frühjahr
Erdbeeren	3	1	—	—	im Herbst

Es werden pro Hektar 300—400 kg 10% Kalisalze oder 100 bis 200 kg 40% Salze angewendet.

Es ist nicht zu empfehlen in abschüssigem Gelände mit Kalisalzen im Winter zu düngen, ebensowenig darf in dieser Jahreszeit eine Düngung von Böden vorgenommen werden, die zur Krustenbildung neigen.

Die in der Landwirtschaft verwendeten Kalisalze.

Die oberelsässischen Rohsalze enthalten neben dem Steinsalz im Durchschnitt 21—22% reines K_2O; sie führen nur sehr wenig Magnesiumsalz und lösliche Sulfate; sie sind viel reichhaltiger als diejenigen Norddeutschlands. Ihre Ausbeutung hat kaum begonnen und erreicht beim Schacht Amelie pro Tag 400 bis

430 Tonnen, wovon ungefähr die Hälfte für die Industrie in konzentrierte Salze verwandelt wird.

Die in der Landwirtschaft verwendeten Norddeutschen Rohsalze sind:

Der Carnallit, dessen garantierter Reingehalt an Kalium (K_2O) 9% beträgt. Das reine Salz hat folgende Formel:

$$K \, Cl \, Mg \, Cl_2 \, 6 \, H_2 \, O.$$

Der Kainit mit einem Minimalgehalt von 12,5% K_2O ist in reiner Form $K \, Cl \, Mg \, SO_4 \, 3 \, H_2 \, O.$

Der Sylvinit, eine Mischung von Chlorkalium und Steinsalz, enthält 13—20 % K_2O. Dieses Fördersalz wird nach seinem Gehalt an $K_2 O$ verkauft; der Minimalgehalt wird ebenfalls mit 12,5 % garantiert.

Die reichhaltigen Kalisalze sind gradiert. Sie finden sich im Handel zu 20, 30—38 und 40%. Ihr Gehalt an alkohollöslichem Chlorür soll 6% nicht erreichen. Das gradierte künstliche Chlorkalium enthält mindestens 80, 85, 90, 95 und 96% K Cl, außerdem befindet sich auf dem Markt eine Qualität à 98 %.

Das konzentrierte Kaliumsulfat, welches mit einem Gehalt von 90 % im Handel sich befindet, hat einen Gehalt an Chlor von $2\frac{1}{2}$%, das 96 prozentige führt 1% Chlor.

Das Kalium- und Magnesium-Sulfat-Doppelsalz wird in der Landwirtschaft nur in calciniertem Zustand verwendet, in Kristallform nur in der Industrie; es enthält 48% Kaliumsulfat und im Maximum $2\frac{1}{2}$% Chlor.

Preise der Kalisalze.

Die Verkaufspreise des Kalisyndikates sind seit langen Jahren sehr stabil geblieben; sie stehen zum Schutze der Landwirtschaft in Deutschland niedriger als im Ausland. Der Unterschied beträgt etwa 25 bis 50 Pfg. pro 100 kg für den Kainit und 30 Pfg. für den Carnallit; für Chlorür, Sulfat, Kalium-Magnesiumsulfat besteht kein Unterschied. Je nach den Gegenden wechseln diese Kalidüngerpreise für den Export.

Preise der Rohsalze von 1886 bis 1908:

Der Carnallit hatte während dieses Zeitraumes einen Verkaufspreis von 0,90 ℳ pro 100 kg mit einem Gehalt von 9% K_2O.

Im Zeitraum 1889 bis 1908 galt das Kainit 1,50 $\mathcal{M}$ pro 100 kg mit 12,4% K_2 O.

Das garantiert 12,4 prozentige Sylvinit wurde mit 1,50 $\mathcal{M}$ pro 100 kg bezahlt.

Preise der reichhaltigen Salze:

Kalidünger pro 100 kg:

$$
\begin{aligned}
\text{zu } 20\ \% \ K_2\ O\ &\ldots\ldots\ 3,10\ \mathcal{M}, \\
\text{„ } 30\ \% \ \text{„} \ &\ldots\ldots\ 4,75\ \mathcal{M}, \\
\text{„ } 40\ \% \ \text{„} \ &\ldots\ldots\ 6,40\ \mathcal{M}.
\end{aligned}
$$

Das Chlorkalium bei einem Mindestgehalt von 80% K Cl 14,25 $\mathcal{M}$ der dz für 80% K Cl und bei einem solchen von 98% 15,25 $\mathcal{M}$ der dz für 80% K Cl.

Dadurch stellt sich der Preis des K Cl à 98% nach der Formel

$$80 : 15,25 = 98 : x \text{ oder } \frac{98 \times 15,25}{80} = 18,68\ \mathcal{M}\ \text{der dz zu } 98\%.$$

Das Kaliumsulfat 90% 16,45 $\mathcal{M}$ und 96% 16,85 $\mathcal{M}$ für 90%

$$= \frac{96 \times 16,85}{90} = 17,97\ \mathcal{M}\ \text{der dz zu } 96\ \%.$$

Das calcinierte Magnesiumsulfat und Kaliumsulfat mit einem Mindestgehalt von 48% stellt sich auf 8 $\mathcal{M}$ pro 100 kg für 48%.

Die höheren Gradierungen werden zu einem verhältnismäßig höheren Preise berechnet.

Die durch Reichsgesetz im Jahre 1910, gültig bis Ende 1913, für Deutschland festgesetzten Verkaufspreise sind pro 100 kg Kali in Prozenten folgendermaßen festgestellt worden:

Carnallit mit mindestens 9% und unter
12% K_2 O .... Pfg. 3,5 = 3,15 – 4,20
Rohsalze mit 12 – 15% K_2 O .... „ 10 = 1,20 – 1,50
Düngessalze mit 20 – 22% K_2 O .... „ 14 = 2,80 – 3,08
„ „ 30 – 32% K_2 O .... „ 14,5 = 4,35 – 4,64
„ „ 40 – 42% K_2 O .... „ 15,5 = 6,20 – 6,51
Chlorkalium zu 50 – 60% .... „ 27 = 13,50 – 16,20
Chlorkalium über 60% .... „ 29 17,40
Kaliumsulfat unter 42% .... „ 35 14,70
Doppelkalium-Magnesiumsulfat .... „ 31

Die Ausbeutung der Kalisalze hat von Jahr zu Jahr an Umfang sehr beträchtlich zugenommen.

Im Jahre 1861 betrug dieselbe 2293 Tonnen, in den letzten Jahren ist sie auf 6 Millionen Tonnen pro Jahr gestiegen.

Die Verwendung der Kalisalze für die Landwirtschaft beträgt das 70 bis 80 fache im Vergleiche ihrer Anwendung vor 30 Jahren, während ihre industrielle Anwendung sich nur verdoppelt hat.

Deutschland hatte im Jahre 1908 einen Verbrauch an Kali für Düngezwecke von 1 850 000 Tonnen und für die Industrie von 115 000 Tonnen, während das Ausland für die Landwirtschaft 1 135 000 Tonnen, für die Industrie 54 000 Tonnen bezog. Deutschland lieferte somit an reinem Kali für seinen eigenen Gebrauch

  für die Landwirtschaft........ 273 000 Tonnen,
   ,, ,, Industrie .... 55 200 ,,
für das Ausland
  für die Landwirtschaft .... 236 000 ,,
   ,, ,, Industrie .... 27 000 ,,

Der Gesamtverkauf an Kalisalzen für die zehn letzten Jahre ist auf Seite 88/89 in einer Tabelle aufgezeichnet.

Der Gesamtwert dieser Produkte, zu mittleren Preisen berechnet, erreicht eine Summe von 92 Millionen; nach einem gelegentlich des fünfzigjährigen Jubiläums der Kaliindustrie durch Herrn Berginspektor Joh. Schürmann veröffentlichten Bericht erreichte diese Produktion im Jahre 1909 = 115 Millionen Mark, 1910 = 145 Millionen Mark und 1911 = 160 Millionen Mark.

Nach einem Artikel der „Frankfurter Zeitung"[1] kann der Weltverbrauch an Mineraldünger pro Hektar Kulturland folgendermaßen geschätzt werden:

	Phosphorsäure P_2O_5 kg	Kalium K_2O kg	Stickstoff kg
Deutschland	12,15	8,20	3,97
England	9,53	1,06	1,84
Österreich	3,26	0,52	—
Belgien	24,55	4,45	10,45
Amerika (Vereinigte Staaten)....	2,67	0,81	0,35
Frankreich	8,60	0,53	1,40
Italien	10,18	0,26	0,62
Rußland	0,19	0,15	—

---

1. Nr. 224 vom 14. August 1911.

Aus dieser Tabelle ist die Intensität der Kultur in den verschiedenen Ländern ersichtlich; außerdem zeigt sie, daß die Verwendung der Kalisalze ungenügend ist.

Unsere Leser, die weitgehendere Auskunft sich verschaffen wollen, verweisen wir auf die durch P. Krische im „Illustrierten Jahrbuch der Wirtschaft und Technik im deutschen Kalisalz-Bergbau" erschienene Abhandlung, welcher vorstehende Zahlen entnommen wurden. Es wird ebenfalls von Nutzen sein, die kleine Arbeit von Rumpler-Woy, „Käufliche Düngestoffe und ihre Anwendung" nachzuschlagen.

XI.

Volkswirtschaftlicher Teil.

Die Entdeckung der Kalisalze kann heute auf 55 Jahre zurückgeführt werden; wie allgemein bekannt ist, wurden im Jahre 1857 in der Umgebung von Staßfurt die ersten Bohrungen vorgenommen, welche die bis damals auf der ganzen Welt unbekannten Kalilager feststellten.

Die ersten durch den preußischen Fiskus in Staßfurt und durch den anhaltischen Fiskus in Leopoldshall errichteten Schächte haben bald eine Industrie ins Leben gerufen, deren Monopol Deutschland bis zum heutigen Tage bewahrt und ein seltenes, wenn nicht einziges Beispiel, einer durch den Staat gegründeten, gedeihlichen Industrie geliefert hat. Es ist daher nicht erstaunlich, wenn der Staat der Entwicklung dieser durch ihn und seine Vertreter auf so hohe Blüte gebrachten Industrie seine ganze Sorgfalt widmet.

Nach und nach entstanden neben den anfangs allein vorhandenen fiskalischen Kaliwerken auch einige Privatunternehmungen.

Im Jahre 1889 deckten fünf Werke, Staßfurt und Leopoldshall einbegriffen, den Weltbedarf an Kalisalzen.

Im Jahre 1894[1] waren es schon neun Unternehmen und zwar finden wir als Privatgesellschaften die Solvaywerke, Westeregeln, Neustaßfurt, Aschersleben, Ludwig II., Hercynia und Thiederhall; zu dieser Zeit betrug die Gesamtförderung an Rohkalisalzen 1 643 000 Tonnen mit einem Werte von 20 715 000 M.[2]

Im Jahre 1884 wurde ein gemeinschaftliches Verkaufskontor für Chlorkalium, sowie ein Propaganda-Ausschuß geschaffen. Letzterer hatte die Aufgabe, die großen Vorteile, die das Kali der Landwirtschaft bietet, entsprechend zu verbreiten. Weiterhin wurde im Jahre 1890 in Leopoldshall ein Propagandazentrum sowie 1902 das erste Kalisyndikat gegründet, welches die seit

---

1. Dr, Albert Stange, Illustriertes Jahrbuch, S. 139.
2. Prof. Dr. Otto Witt, Exposition universelle de Paris, 1900, S. 20.

mehreren Jahren zwischen den privaten und staatlichen Werken bestehenden engen Verbindungen noch befestigte.

Nach der Umänderung des preußischen Berggesetzes, im Jahre 1894 entwickelte sich eine fortwährend zunehmende Tätigkeit in der Ausführung von Kalibohrungen, je mehr durch dieselben die große Ausdehnung der Kaligebiete Deutschlands erwiesen wurde.

Seit dieser Zeit herrscht in Deutschland das sogenannte Kalifieber und die Werke wachsen wie Pilze aus der Erde.

In einigen Jahren sind in Preußen allein 30 neue Konzessionen erteilt worden, während 14 andere in den anderen Bundesstaaten gewährt worden sind; somit sind 44 neue Werke neben den schon bestehenden ins Leben gerufen worden. Eine solch rasche Entwicklung der Produktionsstätten mußte die im allgemeinen befriedigenden wirtschaftlichen Verhältnisse der bestehenden Unternehmen beeinträchtigen, denn die ungefähr jährlich 10 Prozent zunehmende Absatzsteigerung in den letzten Jahren berechtigte keineswegs eine so schnelle Zunahme an Werken; es wird angenommen, daß augenblicklich etwa zwanzig Kaliwerke den Weltbedarf an Salzen decken könnten.

Übersicht über den Kaliabsatz für

Mengen in Doppelzentner reinem

	Landwirtschaft			Industrie		
Jahr	Deutschland	Ausfuhr	Summe	Deutschland	Ausfuhr	Summe
	dz	dz	dz	dz	dz	dz
1900	1 172 144	1 156 086	2 328 200	457 647	250 252	707 899
1901	1 373 138	1 323 709	2 696 847	455 266	279 266	734 632
1902	1 372 766	1 291 721	2 664 487	362 669	262 209	624 878
1903	1 536 308	1 477 838	3 014 146	393 701	256 359	650 060
1904	1 879 189	1 707 676	3 586 865	426 415	288 126	714 541
1905	2 021 094	2 050 514	4 071 608	471 173	289 900	761 073
1906	2 284 846	2 418 830	4 703 676	487 312	284 353	771 665
1907	2 407 786	2 338 148	4 745 934	541 077	292 748	833 825
1908	2 729 893	2 363 425	5 093 318	552 683	270 220	822 903
1909	3 059 600	2 840 666	5 900 266	532 806	320 237	853 043

Untenstehende Tabelle, der Zeitschrift „Kali" vom 15. Mai 1910 entnommen, veranschaulicht den Kaliabsatz in den Jahren 1900 bis 1909.

Bei näherer Betrachtung dieser Tabelle kann festgestellt werden, daß die Absatzsteigerung in den letzten Jahren durchschnittlich 10% jährlich betragen hat, wodurch im Jahre 1900 die im Jahre 1890 abgesetzten Mengen verdoppelt worden sind. Diese Absatzzunahme ist fast ausschließlich dem Bedarf der Landwirtschaft zuzuschreiben, denn das Verhältnis zwischen dem landwirtschaftlichen und dem industriellen Verbrauch stellt sich im Jahr 1900 auf 76,7 zu 23,3%, gegen 87,4 zu 12,6% im Jahre 1909 und dieses Verhältnis wird wahrscheinlich stetig zunehmen, wenn sich nicht in der Industrie ein bedeutendes Bedürfnis an Kalisalzen fühlbar machen wird. Deutschland verbraucht allein für seine Landwirtschaft die Hälfte der auf seinem Boden geförderten Kalisalze und zwar im Jahre 1909: 3 059 600 dz einer Gesamtförderung von 5 900 266 dz. Die Vereinigten Staaten Nordamerikas nahmen 1 484 787 dz in Anspruch, sodaß sich der Gesamtabsatz wie folgt verteilt:

die Landwirtschaft und Industrie.

Kali K_2O und Werte in Mark.

Gesamtgewicht	Gesamtwert	Mittlerer Wert des Doppelzentners reinen Kalis	Gesamtwert	
			für die Landwirtschaft	für die Industrie
dz	ℳ	ℳ	%	%
3 036 099	57 063 284	18,79	76,7	23,3
3 431 479	60 103 928	17,52	78,6	21,4
3 289 365	57 977 670	17,63	81,0	19,0
3 664 206	65 351 179	17,84	82,3	17,7
4 301 406	75 536 996	17,56	83,4	16,6
4 832 681	83 370 468	17,25	84,3	15,7
5 475 341	93 901 698	17,15	85,9	14,1
5 579 759	96 401 310	17,28	85,1	14,9
5 916 221	100 977 246	17,07	86,1	13,9
6 753 309	115 965 319	17,17	87,4	12,6

Deutschland .... 3 059 600 dz
Vereinigte Staaten von Amerika .... 1 484 777 dz
Die übrigen Länder .... 1 355 879 dz

Summe ...... 5 900 256 dz

Inzwischen machte man im Tertiär-Gebilde des Ober-Elsaß die ganz unerwartete Entdeckung eines hervorragenden Kalisalzvorkommens in einer Ausdehnung von 200 Quadratkilometern, welches heute bereits konzessioniert und dessen Vorhandensein durch Bohrungen seit dem Jahre 1904 durch Herrn Jos. Vogt und Konsorten festgestellt worden ist.

Nach Herrn Prof. Dr. Foerster enthalten diese Ablagerungen, wie schon früher erwähnt, 300 Millionen Tonnen reines Kali. Das ausgedehnte, erschlossene Kalilager ist in 106 Felder eingeteilt, wovon heute 78 den „Deutschen Kaliwerken A.-G. Bernterode" gehören, während die anderen 28 in den Besitz der Kaliwerke Sankt-Therese A.-G.[1] in Mülhausen i. Els. übergegangen sind. Letztere Gesellschaft ist durch den Gründer der Kali-Industrie, Herrn Joseph Vogt, unter Mitwirkung von elsässischen und französischen Aktionären gegründet worden.

Welche Stellung sollte nun der Staat gegenüber diesen großartigen Salzreichtümern in Norddeutschland und im Elsaß einnehmen?

Wenn der Staat den neuen Unternehmen, denen er einen Teil des nationalen Reichtums eben zuerteilt hatte, freie Hand gelassen hätte, so wäre sicherlich durch den Konkurrenzkampf für lange Zeit, wenn nicht für immer, eine bis damals für die meisten Werke blühende Industrie zugrunde gerichtet worden. Ein Einschreiten des Staates durch Regelung der Ausbeutung der Kalilager in einem den Prinzipien der Volkswirtschaft widersprechenden Sinne aber hätte mehr oder weniger drakonische Maßnahmen keineswegs gerechtfertigt. Es ergab sich also eine schwierige Frage, in welcher der Staat zugleich Schiedsrichter und Gegenpartei war.

Die Angelegenheit wurde dem Reichstag vorgelegt und nach

---

1. Es bestehen zur Zeit vier neuere Konzessionsgesuche, deren Erledigung noch nicht erfolgt ist.

langen und schwierigen Verhandlungen entstand am 25. Mai 1910 das jetzt in Kraft befindliche Gesetz über den Kalisalzabsatz.

Die außergewöhnliche Lage, die Eigenart des der Verleihung zugrunde liegenden Objektes, das Suchen nach geeigneten Mitteln die Interessen des Staates und die der Privatunternehmen in gleichem Maße zu wahren, sowie die der deutschen Landwirtschaft gewährten Vorteile waren die hauptsächlichsten Leitmotive zu dem vom Reichstage gefaßten Beschluß. Ein näheres Eingehen auf dieses Gesetz würde den Rahmen dieser Arbeit bei weitem überschreiten. Wir verweisen daher diejenigen Leser, welche das Gesetz über den Absatz von Kalisalzen in seinem ganzen Umfang kennen zu lernen wünschen, auf das Reichsgesetzblatt sowie auf die Zeitschrift „Kali", in denen dasselbe zum Abdruck gelangt ist.

Wir beschränken uns darauf, die Folgen dieses Gesetzes für die Gewerkschaft Amelie, jetzt Deutsche Kaliwerke A.-G. Bernterode, das einzige elsässische Kaliwerk, welches beim Inkrafttreten des Gesetzes vom 25. Mai 1910 in Förderung stand, näher zu prüfen.

Bei Aufstellung der Verteilungstabelle für die verschiedenen Kaliwerke ist der Gewerkschaft Amelie eine Quote von 14,6 Tausendstel zuerkannt worden. Es entspricht dies einem jährlichen Gesamtabsatz von 90 000 dz reinem Kali, d. h. etwa 45 000 Tonnen Rohsalz bei einem mittleren Gehalt von 20% reinem Kali oder einer täglichen Förderung von 150 Tonnen, gleich 15 Wagenladungen. Dieses Quantum steht weit hinter der Förderfähigkeit des ersten elsässischen Kaliwerks[1].

Es ist nicht möglich festzustellen, welche Quoten den elsässischen Kaliwerken in nächster Zeit zuerteilt werden, denn es entstehen in Deutschland noch fortgesetzt neue Werke und auch im Elsaß werden die Schachtbauarbeiten mit Eifer betrieben. Die Zahl der dem Kalisyndikat angehörenden Werke, die sich Ende 1909 auf 53 und im Mai 1910 auf 65 belief, ist heute viel höher.

---

1. In Wirklichkeit ist die Förderung nicht regelmäßig verteilt: sie ist im Frühjahr und im Herbst besonders intensiv. Ihre Regelung geschieht durch die Quote, die den verschiedenen Gruben der Deutschen Kaliwerke A.-G. Bernterode zuerkannt wird.

Im Jahre 1910 bewegten sich die Beteiligungsziffern der verschiedenen Syndikatswerke zwischen 28,62 maximal und 12,30 minimal pro Tausend.

Der Kaliverbrauch ist, besonders in letzter Zeit, in rascher Zunahme begriffen. Der Deutsche Reichsanzeiger veröffentlichte in seiner Ausgabe vom 26. Oktober 1911, dem Kaligesetz vom 25. Mai 1910 entsprechend, die im Jahre 1911 in Deutschland sowie für das Ausland zum Verkauf bestimmten reinen Kalisalzmengen und zwar in dz wie folgt:

Verbrauch im Inland (Deutschland).. 4 522 900 dz

„   „ Ausland (Export) ..... 4 640 600 dz

zusammen....... 9 163 500 dz

Stellen wir neben diese Zahlen diejenigen, die durch den Bundesrat für die Zeit vom 1. Mai bis zum 31. Dezember 1910, also für 8 Monate, festgestellt worden sind:

Inland .... 2 043 800 dz

Ausland .... 1 981 600 dz

zusammen.... 4 025 400 dz

so würde sich für zwölf Monate ein Verbrauch von rund 6 000 000 dz reinem Kali ergeben. Es beweist dies einen bedeutenden Verbrauchszuwachs von einem Jahre zum andern und wäre es interessant, dessen Ursache zu kennen.

Wie schon erwähnt, nimmt die Zahl der Kaliwerke von Tag zu Tag zu; es drängt sich daher die Frage auf, ob das dank den Verfügungen des Gesetzes vom 25. Mai 1910 hergestellte Gleichgewicht zwischen Angebot und Nachfrage in den nächsten Jahren den immer zahlreicher werdenden Werken eine genügende Verzinsung der bedeutenden Kapitalien, welche diese Unternehmungen erfordern, sichert. Die Zukunft wird dies zeigen.

Die bergmännische Ausbeutung der Kalilager unterscheidet sich von anderen Industriezweigen namentlich dadurch, daß sie im Vergleich zu dem relativ niedrigen Geschäftsumsatz ein sehr hohes Kapital erfordert. So wird z. B. ein vollständiger Betrieb ein Kapital von 6 bis 8 Millionen Mark aufwenden müssen, um zum Verkauf von jährlich höchstens 2 000 000 bis 2 200 000 ℳ berechtigt zu sein. Der große Unterschied zwischen den Gestehungskosten und dem Verkaufspreise der Kalisalze allein wird es ermöglichen, unter den vorliegenden Verhältnissen bedeutendere Gewinne zu erzielen.

Für die Kaliwerke des Ober-Elsaß wäre es sehr wünschenswert, wenn sie sich durch Benützung der nahegelegenen Kanäle günstigere Frachten schaffen könnten.[1].

Nach Norden und Süden bietet der Rhein-Rhône-Kanal wohl eine billige Verfrachtung für die zur Ausfuhr nach dem Osten Frankreichs bestimmten Kalisalze. Nach dem Süden ist dies aber nicht der Fall; zwischen Mülhausen und Besançon sind nämlich die Schiffahrtsverhältnisse noch ebenso mangelhaft wie sie bereits vor 50 Jahren waren, sodaß heute zwischen der Wasser- und Eisenbahnfracht für den Transport der Kalisalze vom oberelsässischen Kalirevier nach Lyon kaum ein nennenswerter Unterschied sein dürfte.

Diese Frage ist nicht neu; sie erhält aber durch die elsässische Kaliindustrie eine Wichtigkeit, die sie vordem nicht hatte. Möge daher die neuerstandene Industrie dazu beitragen, damit unsere Wasserstraßen den modernen Anforderungen entsprechend ausgebaut werden, wie dies in letzter Zeit durch verschiedene Gesuche beantragt wurde und wie es auch die von der Regierung bei Eröffnung des Landtags in Straßburg angekündigte Prüfung dieser Angelegenheit erhoffen läßt.

---

1. Die Fracht von der Bahnstation Reichweiler bis zum Kanalhafen in Mülhausen beträgt $\mathcal{M}$ 1,35 pro Tonne.